相田義人作

「キャンプ&フィールド 6インチ」(左)／
「セミスキナー インチ」

写真：圷正史

藤本保広作

「小型フォールダー」

商品協力：しんかい刃物店
写真：小林拓

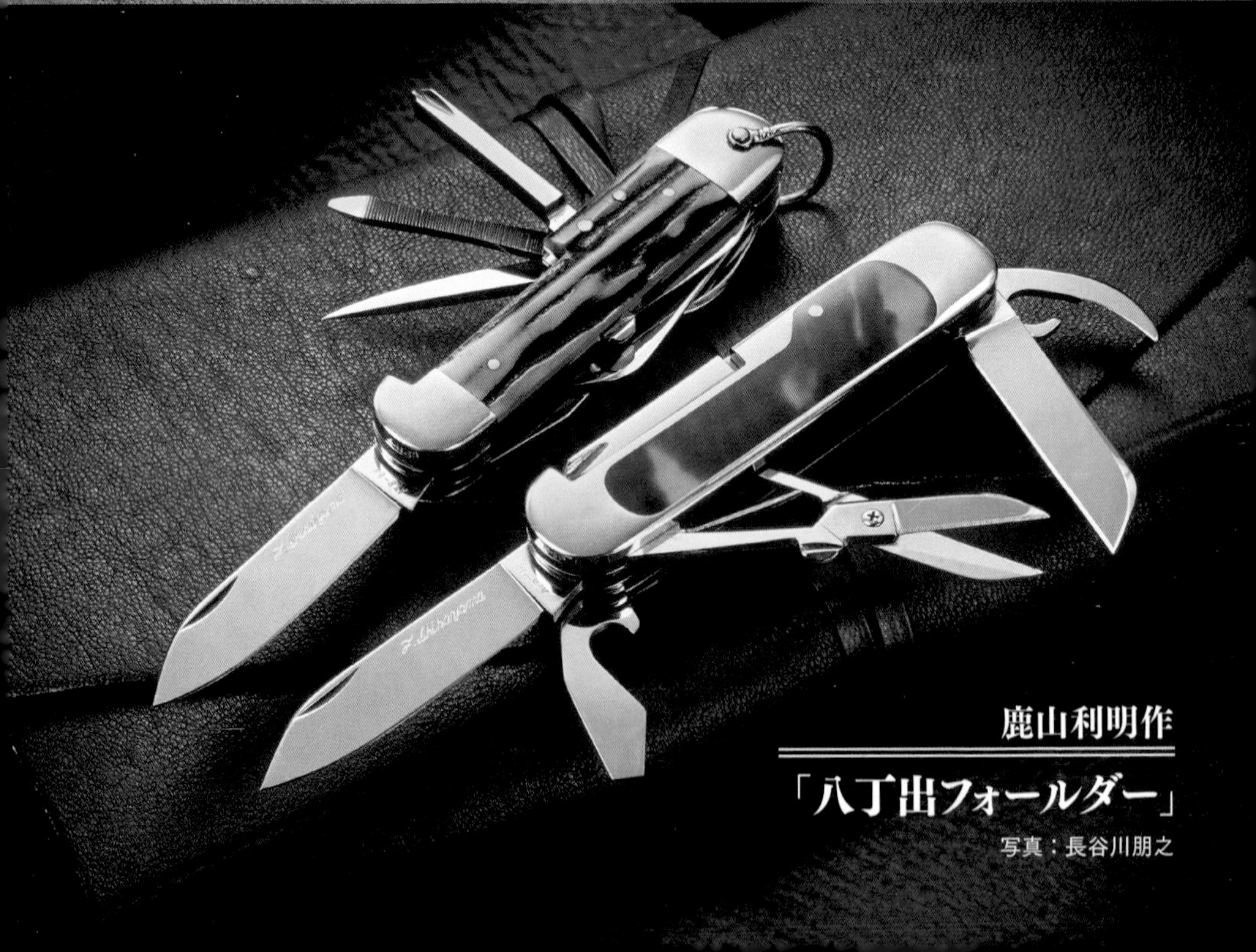

鹿山利明作

「八丁出フォールダー」

写真：長谷川朋之

加藤清志作

「玉鋼ナイフ」

写真：長谷川朋之

R.W. ラブレス作
「ドロップ・ハンター」

銀座菊秀所蔵品　写真：圷正史

日本の
カスタムナイフ
年代記

JAPANESE CUSTOM KNIFE CHRONICLE

はじめに

人類最古の道具とも言われる刃物。

中でもカスタムナイフは、作家が作った「一点もののナイフ」であり、道具としての機能性に加えて「美」の要素がたっぷり盛り込まれた、希少性の高い作品である。

それらが本場のアメリカから日本に持ち込まれてきたのは、昭和40年代だったとされている。

この本では、そこから、一気に愛好家の人口が増えてブームとなっていく頃の話を、当時を知る方々にお話いただいたものである。

縁あって1996（平成8）年に出版社に入って、『ナイフマガジン』という雑誌の編集に携わるようになって以来、筆者はナイフの世界と関わりを持つようになった。

全くの門外漢だった筆者を、この世界の人たちはとても温かく迎え入れてくれた。彼らの話を伺っていると、ともすれば危険なイメージもある「ナイフ」が本来持っている魅力を、少しでも多くの人に健全に伝えたい、という思いがひしひしと伝わってきた。

彼らのレクチャーを受けながら手にして、見ていくうちに、筆者もまた実用性と芸術性が高いレベルで共存するカスタムナイフの良さを、少しずつ実感していくようになった。

奥行きのある世界を見せてくれた彼らは、「あの頃」のことになると、一様に、本当に一様に、楽しそうな顔になって、さまざまなエピソードを語ってくれた。それらはカスタムナイフという専門的な分野の話でありながら、昭和の日本文化の盛り上がりと成熟の過程を生き生きと描き出しているようにも感じた。だからだろう。聞くのが、楽しくて仕方がなかった。

きらぼしを集めていくかのような貴重なひとときを、幾度も過ごしながら、僕はいつしか「あの頃」の話を彼らの言葉で記録した本を出したいと思うようになった。


今回の本は、2020(令和2)年以降、ホビージャパン社から出版された幾つかのナイフの本で掲載した原稿をベースに、新たなインタビューを加え、緩やかな流れを持った〝ものがたり〟として構成したものである。

登場した方々のほかにも、当時をよく知る人は大勢いるし、機会を見つけて彼らからもお話をお伺いしたいが、この本は、ブームを牽引したコアメンバーとも言える方々のお話で構成させていただいた。


監修は銀座菊秀の井上武さんにお願いした。


初めてお会いした時から、穏やかな口調と圧倒的かつ豊富な知識で、根気よくナイフ、そして刃物の歴史を教えてくださってきた方である。

井上さんに加え、この本でお話を伺った、岡安一男さん、相田義人さん、相田義正さん、加藤清志さん、赤津孝夫さん(本編ご登場順)には、この場を借りて、深く感謝したい。

彼らに加え、そのお話に登場した方々、そしてすべての始まりとも言える故R・W・ラブレスが、それぞれの志を持って尽力したことで、日本のカスタムナイフの世界は大きく前に進んだ。その恩恵を被る一人として、彼らにも、深く感謝したい。

そして、もう一人。筆者がフリーランスになってからずっと、刃物に関する本を出す機会をつくり続けてくれただけでなく、一緒になって考えて、筆者からは出てこないブレークスルーを生み出し続けてきてくれた編集長の渡辺千年さんにも、精一杯の感謝を捧げたい。

2024年1月　服部夏生

＊本編中、敬称略

第一章 カスタムナイフ・クロニクル
日本にカスタムナイフ文化ができる頃 …… 13

Column 1 R.W.ラブレスと日本のカスタムナイフ
相田義正（マトリックス・アイダ社長）インタビュー …… 37

第二章 USカスタムナイフと日本
対談：井上 武（ディーラー）×相田義人（カスタムナイフメーカー） …… 43

Column 2 〝あの頃〟のUSカルチャー …… 58

第三章 蘇る職人芸、東京ナイフ
伝説に彩られた元祖・日本のカスタムナイフ …… 59

Column 3 関のポケットナイフ …… 75

第四章 日本の鍛造ナイフ、そのパイオニア
和洋のジャンルを超え、融合させた作家の肖像 …… 77

Column 4 アウトドアとカスタムナイフ……89
赤津孝夫（エイアンドエフ会長）インタビュー

第五章 ある刃物屋の肖像……95
銀座菊秀、昭和から令和の足跡を振り返る

Column 5 カスタムナイフを楽しむために……119

マスタピース・ギャラリー……3
はじめに……8
ナイフの各部名称……12
ナイフ用語辞典……124
お話を伺った方々……128
奥付……130

＊初出一覧：
第一章＝『ナイフダイジェスト』（２０２０年３月）
第二章＝『USカスタムナイフクロニクル』（２０２３年１月）／『日本のカスタムナイフ』（２０２３年３月）
第三章＝『ナイフダイジェスト２０２１』（２０２１年３月）／『ナイフダイジェスト』（２０２０年３月）
第五章＝『ナイフダイジェスト２０２２』（２０２２年３月）
いずれもホビージャパン刊　他は原則書き下ろし

＊掲載された情報は、２０２４年１月時点のものです。

＊カバー：
相田義人作「ドロップポイントハンター ３ 1/4インチ」（上）／「ハンドスケルペル ２インチ」　＊写真：玉井久義（ホビージャパン）

【ナイフの部分名称】

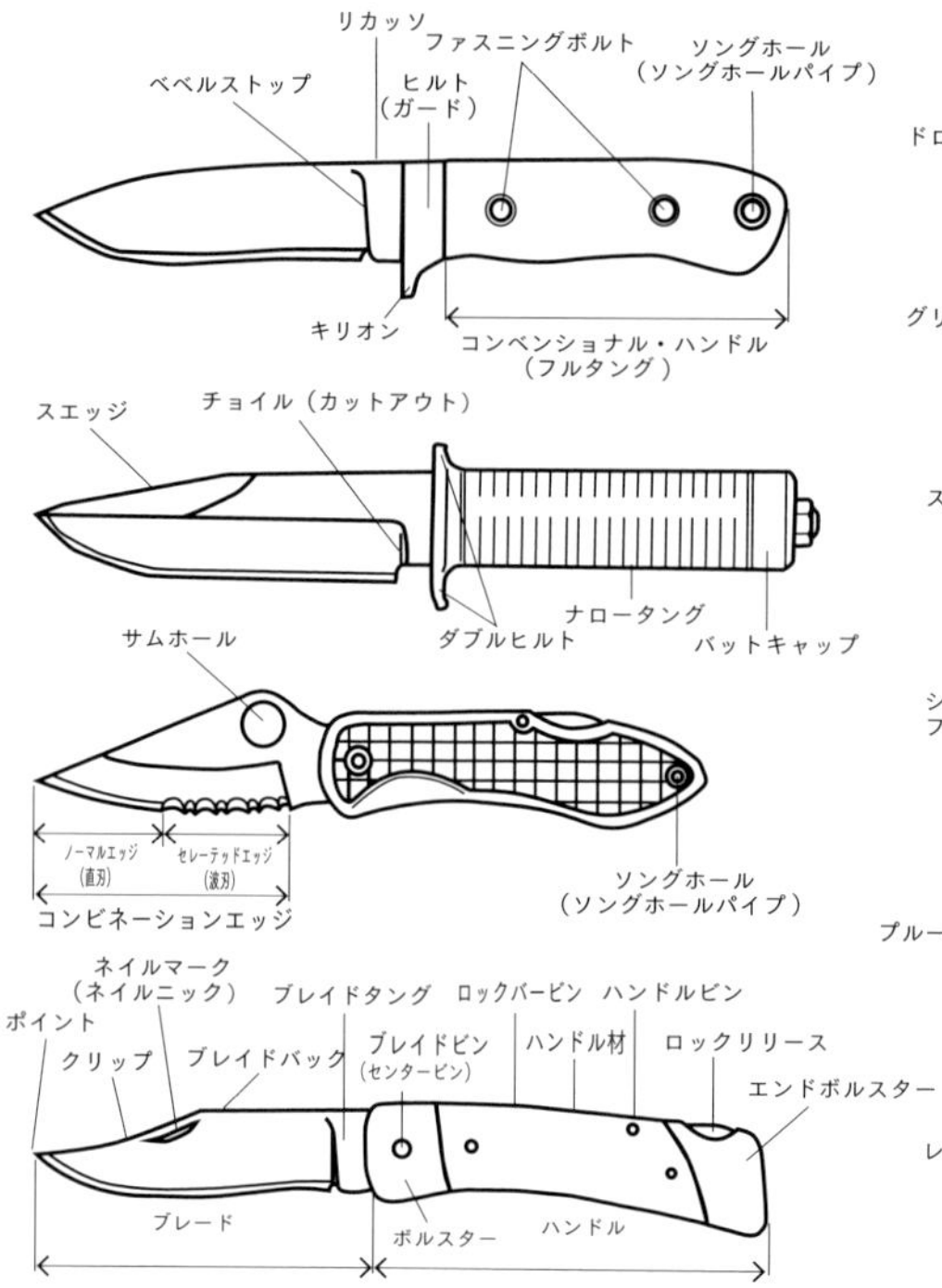

【ブレードの種類】

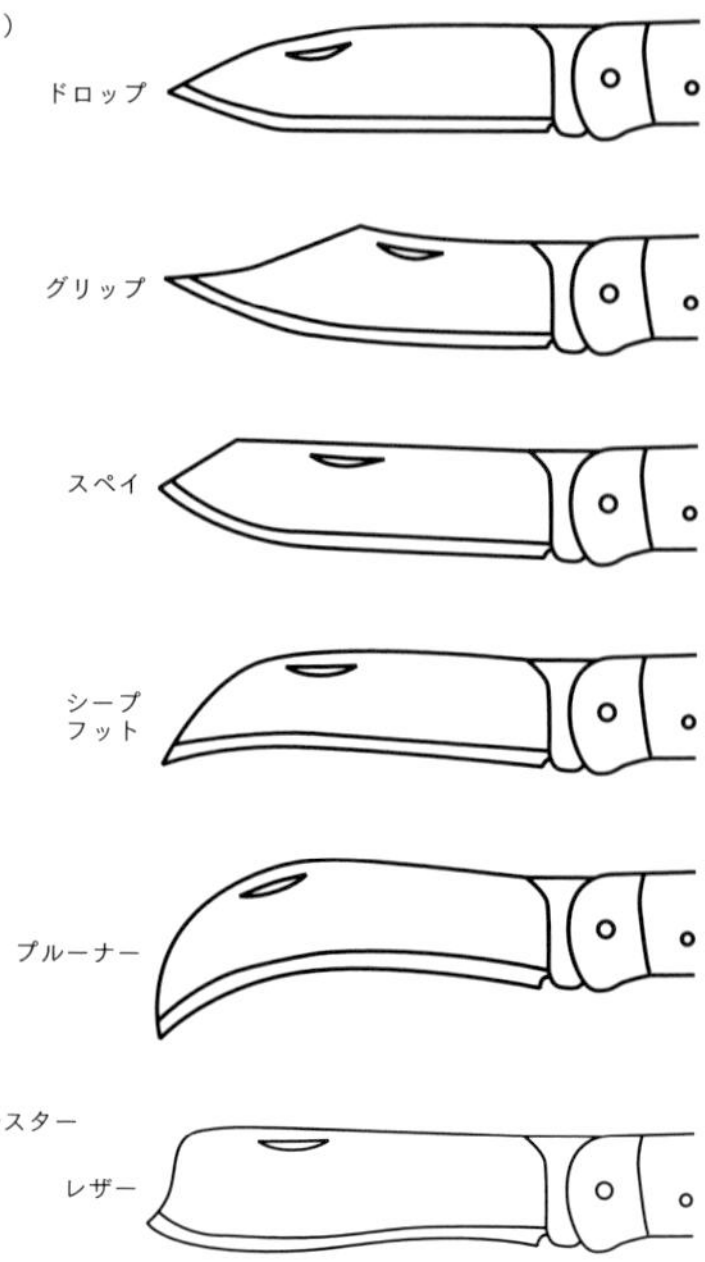

【フォールディングナイフの部分名称】

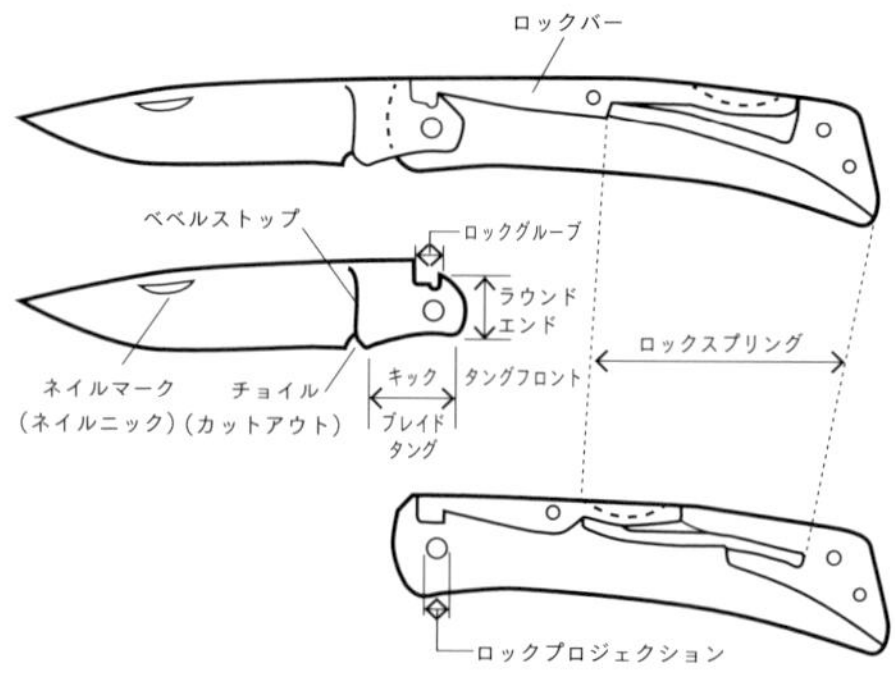

【ブレードの断面形状】

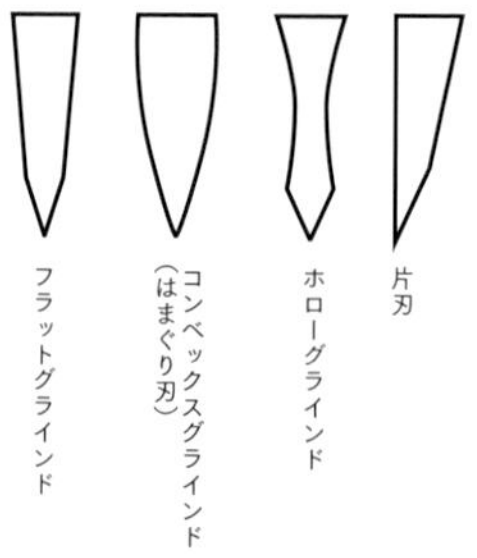

●製作：圷正史／須田恭介

第一章

カスタムナイフ・クロニクル

日本にカスタムナイフ文化ができる頃

昭和 40 年代後半から 50 年代、アメリカのナイフが入ってきたことで、
日本のカスタムナイフ文化が一気に生まれ、育った。
その頃のことを、当時を経験してきた東京の刃物業界の人たちの
証言で振り返ろう。

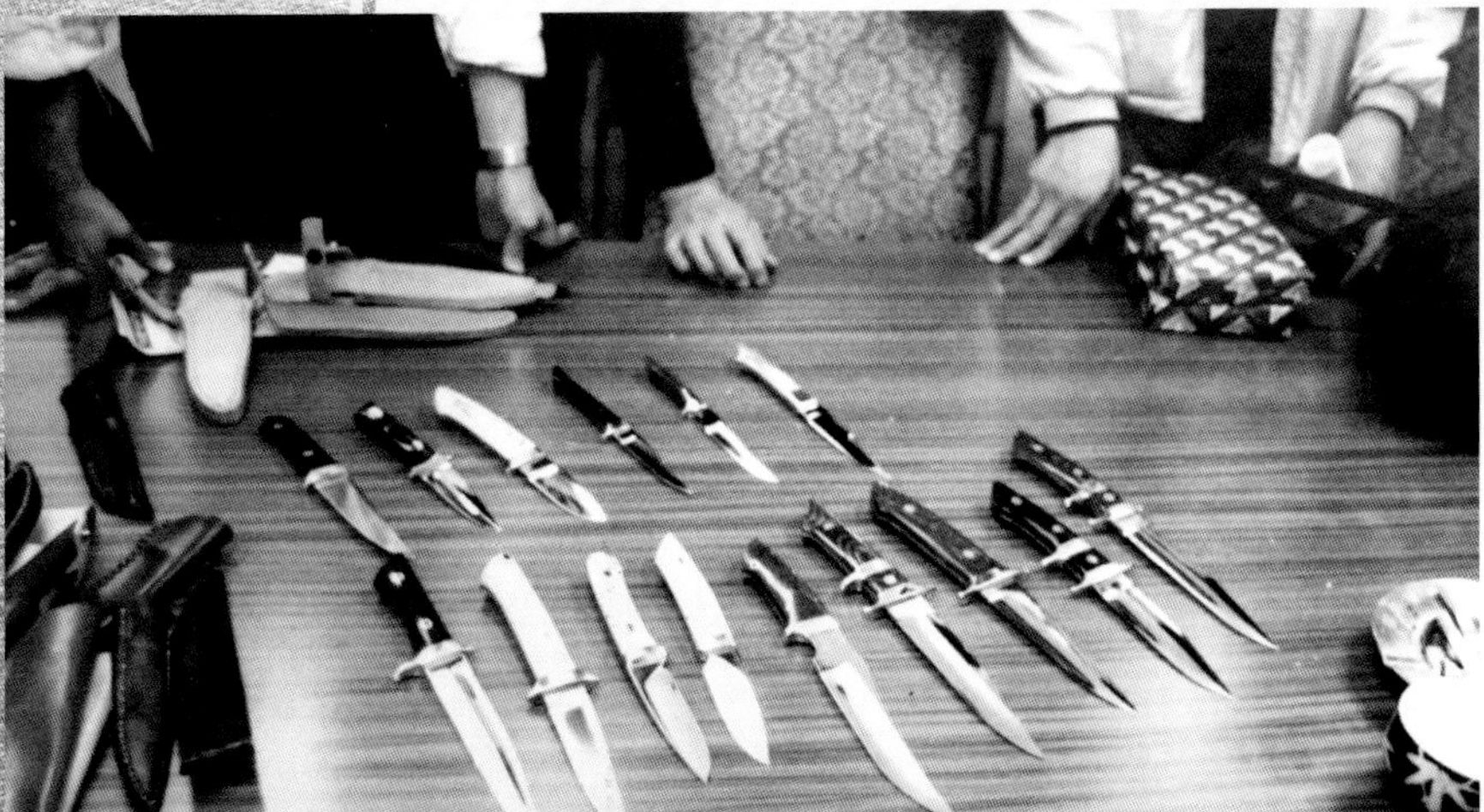

1980年の4月6日に開催された「手造りナイフの集い」。
日本有数のコレクターとして名を馳せた坂根進(故人)のラブレス・ナイフ・コレクション。(銀座菊秀所蔵品)

1980（昭和55）年は、日本に「カスタムナイフ」が本格的に根付いた年だった。

というのも、6月6日に「ジャパンナイフギルド」通称JKGが設立されたのである。ナイフおよびその使用法に関する啓蒙、そしてメイキングに関する情報の共有、公開などを目的とし、作家、ディーラー、愛好家といった、ナイフに関わる人たちで構成された団体は、それまで自然発生的に生まれていたカスタムナイフにまつわる集いの多くをまとめ、日本におけるカスタムナイフへの知見を高めていった。以来40年以上の間に、多くの日本のカスタムナイフメーカーの作品が海外で高い評価を得るようになった。約40年前にこの状況を想像した人がどれだけいたか、という隆盛ぶりである。

そんな今、改めて、日本のカスタムナイフ文化の種がまかれ、芽吹き、やがて大樹へと成長していくまでの歩みを振り返ってみたいと思う。種類の違いに関係なく「文化」が生まれる時には、特有の熱気と情熱が渦巻くひとときが必ず存在する。アイデアが湧き上がり、それらを具現化する技術が追随し、出来上がったものを評価する人々が集まってくる。

その熱気は、時を経て体系化された「文化」には二度と戻ってこない初期衝動に突き動かされたものだ。その貴重なひとときには、時代を超えて「ものづくり」にまつわる人々への何らかのヒントがあるはずだ。いや、もっと単純に言おう。歴史が動くときを体験した人たちの話は、純粋に面白い。筆者は、縁あってナイフにまつわる雑誌や本づくりに関わるようになった20年ほど前から、折に触れて様々な方から「あの頃」のお話を伺ってきた。公式の取材から、酒の席まで。いずれの際もポジティブな情熱を持って語られる話は、興味深く、こちらもついつい質問を重ね、長話となるのが常だった。いつしか、その話を文章にまとめてみたいと考えるようになっていた。

幕末から明治にかけての侍や志士たちの話が今でも多くの人々の心を捉えるように、昭和40年代後半から50年代の日本のカスタムナイフ界隈の話は、少なくとも筆者にとって、色褪せることのない、心震える魅力を携えているのだ。

数多くの人物が黎明期に奮闘し、カスタムナイフ文化の形成に大きな影響を与えてきたが、この章では、ＪＫＧ設立時の主要メンバーであり、現在に到るまでカスタムナイフ文化の一翼を担い続けてきた3名の話を中心に構成したい。

１９７９年のギルドショー

当たり前のことだが、１９８０年にＪＫＧが設立するまでに、日本のカスタムナイフ文化を形作る上で、いくつかのエポックメイキングな出来事があった。その中でもひときわ大きな意味を持つのが、設立の1年前、79（昭和54）年にアメリカで開催されたギルドショーに、井上武や岡安一男ら日本人が出展したことになるだろう。

その道中は「初」の名にふさわしいドタバタ続きだった。

「そもそも、会場のあるカンザスシティまで、飛行機を乗り継いで行ったんですけれど、ハワイでの通関に引っかかって、ブースに展示するために持ってきたナイフや砥石を全部取り上げられそうになったんです。そこで現地の関係者に頼んで交渉してもらって、なんとかアメリカ本土に持ち込むことができましたけれど、冷や汗をかきました」

岡安一男は笑いながら、当時を振り返る。岡安は、人懐こい笑顔と、人を逸らさないユーモアのある語り口で、国内外問わず人気のあるナイフディーラーだ。彼が社長を務める「岡安鋼材」は、その取引先を聞けば、誰もが知る大手製造メーカーが次々と出てくる国内随一の鋼材の卸販売元である。

岡安は大学卒業後、創業者の祖父と二代目の父から薫陶を受けて家業を学びながら、新たな柱となるような「何か」を探していた。そして「ナイフ」に行き当たった。「アメ横で、欧米製のファクトリーナイフを見つけたんですよ。どこのものだったか忘れましたけれど『これはすごいんじゃないか、日本でも流行るんじゃないか』と、その時直感しました」

幼少期からボーイスカウトをやっていたからナイフには親しんでいた。大学時代にカントリーミュージックなどの演奏を楽しんでいたこともあって、アメリカ文化にも興味があった。そんな生い立ちも相まって、その垢抜けたナイフは、岡安の目を奪った。

「ボーイスカウトやカブスカウトで使っていたのは『登山刀』と呼ばれる国産のナイフでした。プレスで抜いたブレードのシンプルな作りだったことを覚えています。今でこそ、その素朴な魅力が再評価されるようになっていますが、当時は、欧米のナイフ、中でもアメリカ製の1本ずつ削り出して作られたスマートなナイフは、登山刀とは比べ物にならないくらい格好良く見えたものです」

岡安と同じくディーラーとして参加した井上もまた、アメリカ製のナイフをひと目見て魅了された。

「私が、アメリカのナイフを店で扱い出したのは、ギルドショーに初めて参加する5年くらい前だ

岡安が撮影したギルドショーの風景。岡安は現在に至るまで世界各地のナイフショーに参加する。（岡安鋼材所蔵品）

ったと記憶しています」

当時の井上は銀座菊秀に入ってまだ数年の「新米オーナー」だった。大学卒業後、商社に勤務、化学薬品の輸入を手がけ、各地を忙しく飛び回る商社マンだった井上が、家業の刃物屋に入ったのは、戦前には全国に巨大チェーンを築いたこともある「名門刃物店」を残したい、という父親の意向だった。勤めて約半年後、その父親が逝去。「刃物のことなんて、右も左もわからない」中、井上は三代目オーナーとなった。

「商社の仕事はやりがいがありました。30歳になるかならないかの頃で、大きな仕事をし始めた時期でした。だから、正直、刃物屋はやりたくなかったんです。子どもの頃から父の姿を見ていて、商売の大変さも感じていましたしね。でも、祖父の代から続いてきた店を残さなければ、という思いは、私も理解できました。まあ、継がざるを得なかったですね」

苦笑しつつそう語る井上。嫌々始めたはずだったが、生来の研究熱心さで、刃物のことを1から学んでいった。ある程度刃物のことがわかってきた頃に、出会ったのがアメリカ製のナイフだった。

「当時、アメリカから輸入したナイフを扱っているお店のカタログを見たんです。ガーバーやバックの今まで見たことのないスマートさが驚きでした。早速、輸入元のファスナーズ・インターナショナル・リミテッドさんにお願いして取り寄せたんです」

ガーバー社、バック社は、当時、世界を代表するナイフファクトリーだった。ガーバーは「フォールディング・スポーツマン」、バックは「110（ワンテン）フォールディング・ハンター」という歴史に残るフォールディングナイフを世に送り出していた。いずれも細身のブレードに、真鍮と硬木のハンドルの組み合わせ。アウトドアでの汎用性を重視した携帯しやすいナイフとしての「使いやすさ」はもとより、鈍重さとは無縁のスマートなデザインは画期的だった。飽きのこないデザインは、フォールディングナイフのひとつの基準となり、現在に至るまで高く評価されている。

刃物屋でアメリカのナイフを置く

井上は、フォールディング・スポーツマンを店に置くことにした。

「多分、うちが刃物屋では最初にアメリカのナイフを扱ったと思います。所属している刃物屋の組

ガーバー社の「フォールディング・スポーツマン」。（銀座菊秀所蔵品）

合で『アメリカのナイフを扱おうと思う』と話したら、『売れないいんじゃないか？』と心配されましたよ。前例がありませんでしたからね。当時、東京の刃物屋が扱っていたナイフで最高ランクに位置していたのが『ピューマ』でした。ドイツ・ゾーリンゲンのファクトリーナイフです。ガーバーのナイフは、ゾーリンゲンに代表されるヨーロッパのそれらとは、全く異なるモダンなデザインでした」

アメリカ製のナイフの輸入元のパイオニアとして知られる、ファスナーズ・インターナショナル・リミテッドの和田榮（故人）は、ナイフの目利きとして黎明期の日本のカスタムナイフ界にも多大な影響を与えた人物でもあった。世界的な刃物産地、関市にあるナイフファクトリー、ジー・サカイが、ガーバーブランドのポケットナイフ「シルバーナイト」を製造するという快挙を支えた経緯は、同社の後継となるファスナーズ・メールオーダー・システムのホームページに詳しく書かれている。

だが、彼らが輸入したアメリカ製のナイフを扱うのは、狩猟や銃砲関係の店に限られていた。当時を知る人たちはそう口を揃える。のちにブームが来て「何千本売ったかわからない」ほどの人気を誇ることとなるが、店に並べた当初は、さすがの井上も、すぐに売れるわけはないと踏んでいた。

「そもそも当時の主力商品が包丁ですから、客層が違いました。だから、雑誌に広告を打とうと考えました。読者がナイフに興味を持ってくれそうな雑誌となると、狩猟関係しか考えられませんでした。いくつかの雑誌を候補に挙げて、最終的に『SHOOTING LIFE』に出稿することを決めました」

ライフ出版という出版社が発行していた月刊誌『SHOOTING LIFE』は、ナイフメイキングのコーナー「HOW TO KNIFE MADE（78年1月号より、原文ママ）」も設けるなど、ナイフの記事を掲載する貴重な狩猟専門誌だった。この雑誌が日本のカスタムナイフ文化の形成に大きな影響を与えたと見る向きも多い。井上、岡安らとともに79年のギルドショーに参加していた古川四郎もその一人だ。

「狩猟と刃物が切り離せないから、とナイフを取り上げた日本の最初のメディアは『SHOOTING LIFE』だったのではないでしょうか。その後『メンズクラブ』とか『ポパイ』といった男性カルチャー誌が『メイド・イン・USA』のノリでカスタムナイフを盛んに取り上げていったんです」

1970年代後半から80年代初頭の一連のナイフ記事で伝説となったこの雑誌に出稿することは

効果抜群だった。ナイフに興味を持つ人たちが銀座の老舗刃物屋に集まってくるようになった。刃物屋だから、話題はナイフに集中できる。次第に、カスタムナイフメーカーを志す人たちも集まるようになってきた。76（昭和51）年の創刊号で後述するR.W.ラブレスを紹介した『ポパイ』を筆頭とする男性誌で取り上げられることで、新規の客も増えてきた。

岡安が井上と出会ったのは、そんなナイフにまつわる追い風が吹き出した1970年代の終わり頃だった。

「うちは、鍛冶屋さんにも鋼材を販売していました。個人レベルの小ロットの注文にも対応していたんです。そのことを知って、井上さんが『ナイフ制作用の鋼材を卸してもらえないだろうか』と訪ねてきたのです。ナイフメイキングをするお客さんが増えてきたということでした。確か最初期は、SK材などの鋼材をナイフメイキング用に小さく切ったものを渡したと思います」

岡安は井上との出会いをそう語る。井上にとっては店に置きたかったメイキングの材料を、岡安にとっては興味を持ち始めていたアメリカのナイフの情報を、それぞれ得ることができた。いわばウィンウィンの関係の二人が出会うことで、ナイフメイキングの裾野は一気に広がった。

そして狩猟を彩る1アイテムとしてではなく、ナイフそのものを愛好するファンの拡大を確実に後押しした。趣味文化が育つ際に欠かせない「作家たちをパトロネージュする」コレクターたちも現れてきた。世間の話題をさらう作品を連発していた広告制作会社、サン・アドの共同設立者、坂根進（故人）らである。

岡安と井上は、ギルドショーに参加する前後に、作家のみならず、坂根たちコレクターにも声をかけ「ナイフメーカーズ友の会」という愛好団体を立ち上げ「手造りナイフの集い」なる鑑賞会を開催するなど、啓蒙活動にも乗り出していた。ギルドショーに参加する1979年、ナイフに興味を持つ人たちの間には、緩やかに「つながり」ができ「カスタムナイフ文化」の種は芽生えていたのである。

ラブレスに憧れた作家

その頃、銀座菊秀に足を運んでいたカスタムナイフメーカーの卵の一人に、相田義人がいた。近代ナイフの父、R.W.ラブレスに大きくインスパイアされた実用性と芸術性を兼ね備えた作品の数々で、日本を代表するナイフ作家としての地位を築き上げ、数多くのフォロワーを産んでいる存在である。井上が保存している相田の最初期の作品を見てみると、現在の作風を確立する前のものだが、出来栄えの良し悪し以前に、作り手の情熱がそこかしこににじみ出ている佳作だ。

相田は「井上さんから『今度お店に置いて販売してみないか』と言っていただいて、それが売れたと分かったときは嬉しかったですね」とプロとしての第一歩を踏み出した時のことを振り返るが、当時から1本ごとに相当な思いを込めてナイフメイキングを行っていたことが、最初期の作品からは伝わってくる。

「父が創設した会社、武蔵野金属工業所がドイツ・ゾーリンゲンのボーカー社の代理店をやっていたこともあって、ナイフには小さな頃から見慣れていました」

武蔵野金属工業所は、東京・成増で刃物の製造や卸を主に行ってきた。中でもコルトブランドの爪切りは、性能の良さでヒット商品となり全国で愛用されてきた。

相田も、子どもの頃からものづくりの現場に親しみ、高校生になると長期休暇には、電動工具を使って仕事の手伝いをするようになっていた。そして必然のように、カスタムナイフの世界に魅了されていった。

「最初にいいなと感じたのは、クーパーのボウイナイフです。それまでに見たことがない迫力のあるデザインで、自分も作ってみたい、と思いました」

ジョン・ネルソン・クーパー（故人）は、1906年生まれの初期アメリカを代表するカスタムナイフメーカーだ。その作品は、西部劇に出てくる男たちのような質実剛健で無骨なデザインと、ブレードとヒルトを溶着するなど、実用性を重視した理にかなった作りで、実践派たちに愛用されてきた。相田は、工場にあるグラインダーなどを使い、見よう見まねでクーパーに似せたナイフを作り上げた。思っていた以上に楽しかった。ナイフメイキングに興味を持ち出した。

そんな相田が「カスタムナイフ」に本格的にのめり込んだのは、R．W．ラブレスの作品を見てからだった。

「最初はアメリカの雑誌の表紙で見たように覚えています。ひと目で衝撃を受けました。世界のナイフのコンテンポラリー・デザインはこれだ、と。どうにかして手に入れて、隅々まで観察しました」

R．W．ラブレスについて語るとなると、それこそ分厚い書籍となってしまうだろう。ベルトグラインダーなど工作機械を駆使した合理的な製作方法、モダンでなおかつ理にかなったデザイン。有史以来人類が手にしてきた「ナイフ」のひとつの完成形が彼の手によって生み出されたと言っても過言ではない「近代ナイフの父」であり、その作品のコレクション的な価値は、2010（平成22）年に本人が逝去して以来、上がり続けている。

ナイフメイキングに熱中していた相田は、そんなラブレス・ナイフのディテールに込められた意味が「不完全ながらも」理解できたと振り返る。

「ヒルトの銀ロウ付けから、ブレードやハンドルのシルエットまで全て『理屈』がありました。本人が書いたメイキング本『HOW TO MAKE KNIVES』（リチャードW.バーニーとの共著・1977年刊）も取り寄せて、毎日読みながら、その理屈をひとつひとつ考えて、確かめていきました」そこで得た知識と、気づきを元にナイフを作る。出来上がったものを銀座菊秀に持っていく。あるいは『SHOOTING LIFE』誌の読者投稿コーナーに作品を送る。

そうしているうちに、同好の志も増え、情報を交換するようになった。皆、手探り状態でナイフ作りのスキルを上げようと必死だった。

1960年代にビートルズの音楽が世界を席巻した時、日本でも当然、彼らに影響され、ロックミュージックを志す若者たちも出てきた。しかし、いくらコードやメロディは追えても、ジョン・レノンのギターの「歪み」や、ポール・マッカートニーのボーカルの「厚み」を再現することがどうしてもできなかった。エフェクターはもとよりオーバーダビングの知識も浅い頃のことである。困り果ててギターアンプのスピーカーを壊して歪んだ音を出そうとした人もいたと聞く。70年代後半、ナイフメイキングを志す日本人たちの置かれた状況は、そんな和製ロックンローラーたちと共通するものがあったようだ。

「ギルド（組合）を作れ」

相田は、ラブレス・ナイフに惚れ込んだ。本から得られる知識に飽き足りなかった。その真髄を学びたい。渡米してラブレスに会うことを計画した。１９７７（昭和52）年のことだったと、相田は振り返る。「本を読んでいてもメイキングの勘所はどうしても掴めない。それだったら会って教えてもらうしかない」

当時の相田は、大学を卒業し、家業に入っていた。父親は、相田の兄、義正に経営全般を、そして相田に工場全般をマネージメントしてもらいたいと考えていた。ちなみに義正は、武蔵野金属工業所を父から継ぎ、さらにナイフショップの「マトリックス・アイダ」を創業、ラブレスとの親交も深く「日本最大のラブレス・ナイフのディーラー」とまで言われた、刃物業界の重鎮である。

相田は、そんな兄とともに、父の思いを汲み「工場を管理するには、そこで行われることを理解しなければならない」という考えのもと、工場の仕事を一通り身につけていた。ナイフ作りに取り掛かるのは、終業後と従業員たちが出社する前の早朝に限られていたが、楽しくて仕方なかった。「職人」になることを良しとしなかった父からは、必ずしもいい顔をされなかったが、兄のサポートもあり、願い通りアメリカのラブレスの工房を訪れることができた。

「道しるべはラブレスしかいませんでしたからね。何から何までが勉強でした」

わずか2週間弱だったが、相田はラブレスから様々なことを教わる。そして、帰国後も折に触れて会うことで、さらに知識を深めていった。

ラブレスの元を訪ねた日本人のナイフメーカーは、相田のほかにも存在した。ラブレスの製作上のパートナーとして活動をともにした伝説の存在で、のちに刀匠に転身した小田紘一郎（久山）、関のナイフファクトリー「福田刃物製作所」の前社長・福田登夫、小田の薫陶を受けてカスタムナイフメーカーになった古川四郎……。彼らもまた、ラブレスの知見に触れ、自らのナイフ作りへとフィードバックさせていた。相田が振り返る。

「そんなこともあったのでしょうか、初訪問の際、ラブレスに聞かれたんです。『日本には、君のようなナイフを作る人はどれくらいいるんだい？』と。私は、まだプロになりきってもいなかったので、アマチュアも含めての人数と勘違いして『200人くらいでしょうか』と答えたんです。そうしたら『ギルド（組合）はないのか？　作り手の技術やノウハウを共有してカスタムナイフのレベルを上げるためには、あったほうが絶対いい。今度、妻を連れて日本に行く予定がある。よかったら、その時に、設立の手助けをしたい』と言われたんです」

岡安や井上たちが参加した、当時、世界最大級のナイフショーだったギルドショーの主催であるアメリカの「ザ・ナイフメーカーズ・ギルド」も、実質的にラブレスがナイフ・プロデューサーのA・G・ラッセルらと1970（昭和45）年に創設したものだった。ラブレスは、ナイフの作り手どうしが、情報交換したり発表の場を作ることの大切さを熟知していた。そしてカスタムナイフ人気が爆発的に上がっていたことに加え、日本人女性と結婚したことも影響したのだろう、日本との距離を急速に縮めていた。

「ナイフの記事も数多く書いていた著述家の斉藤令介さんの紹介で、ラブレスに会いました。憧れの存在でしたから、緊張しましたね」

井上はラブレスと初めて会った時のことをそう振り返る。

「刃物屋をやっています、と自己紹介しました。そうしたら経緯は忘れてしまったのですが、君には直接ナイフを売りましょう、と申し出てくれたんです。嬉しかったですね。様々な作品を扱わせていただきましたが、こんなこともありました。本人がずらりと並べてくれたラブレス・ナイフの中に、ひときわ程度の良いドロップハンターがあったんです。『このナイフが欲しい』と言ったら、それはダメだ、と言うのです。奥様のために作ったスペシャルモデルだったんです（笑）。でも私もものすごく気に入ったので『どうしても欲しい』と粘って、最終的に譲っていただきました」

そのモデルは今も井上の宝物として、大切に保管している。

ともあれ、ラブレス・ナイフは当時でも「最低10万円以上」の値がついた。刃物屋で扱う商品としては破格の値段だったが、客たちはこぞって求めた。「店に並べたらあっという間に売れてしまう。ラブレス・ナイフだけではなく、ランドールなど、アメリカのナイフはどれも人気でした」

最盛期には、月に1，000万円以上の売り上げが出たという。それは、子どもの頃から刃物屋の営みを見てきた井上にとっては、驚くべきことだった。

「浅沼事件以降、日本では『刃物を持たせない運動』が盛んになっていましたから、ナイフを趣味にしていることはあまりいいイメージを持たれていなかったんです」

「刃物を持たせない運動」

浅沼事件は、1960（昭和35）年に起きた暗殺事件である。当時日本社会党委員長だった浅沼稲次郎が日比谷公会堂で演説中、演壇に乱入した17歳の少年・山口二矢に刺殺されたのである。犯行に使われた凶器は銃剣だった。犯行の瞬間の写真が衝撃的だったこともあり（撮影したカメラマンは、日本人初のピューリッツァー賞を受賞した）、世間の反応も大きかった。警察庁による「飛出しナイフおよび携帯禁止の刃物」の通達なども相まって、判断の未熟な子どもたちに刃物を持たせないようにする「刃物追放運動」が全国的に強まった。

一大刃物産地、兵庫県三木市にあった、子ども用の伝統的な折りたたみナイフである「肥後守《ひごのかみ》」の製造業者が46軒倒産した、という話も残っているように、それらの動きは、刃物業界に大打撃を与えた。

刃物追放運動が盛り上がり始めた頃、井上は東京で少年時代を過ごしていた。

「当時は、都心に住む子どもは小学生の頃から、肥後守などのナイフを持ち歩いていました。鉛筆はもちろん自分のナイフで削るわけです。ところがある時、先生がアメリカから鉛筆削りの機械を購入して、各クラスに配布しました。要するに学校に刃物を持ってこさせないようにしたかったんです。実際、僕たちは機械で一気に鉛筆が削れるのが楽しくて、そのうち誰も刃物を持ってこなくなった。先生たちの狙い通りですね」

子どもの頃、刃物を遠ざけられたことが、結果として、高度経済成長期の日本人の「刃物離れ」を引き起こした、と見る向きは多いし、井上らの話を聞く限り「刃物追放運動」を画策した人々の

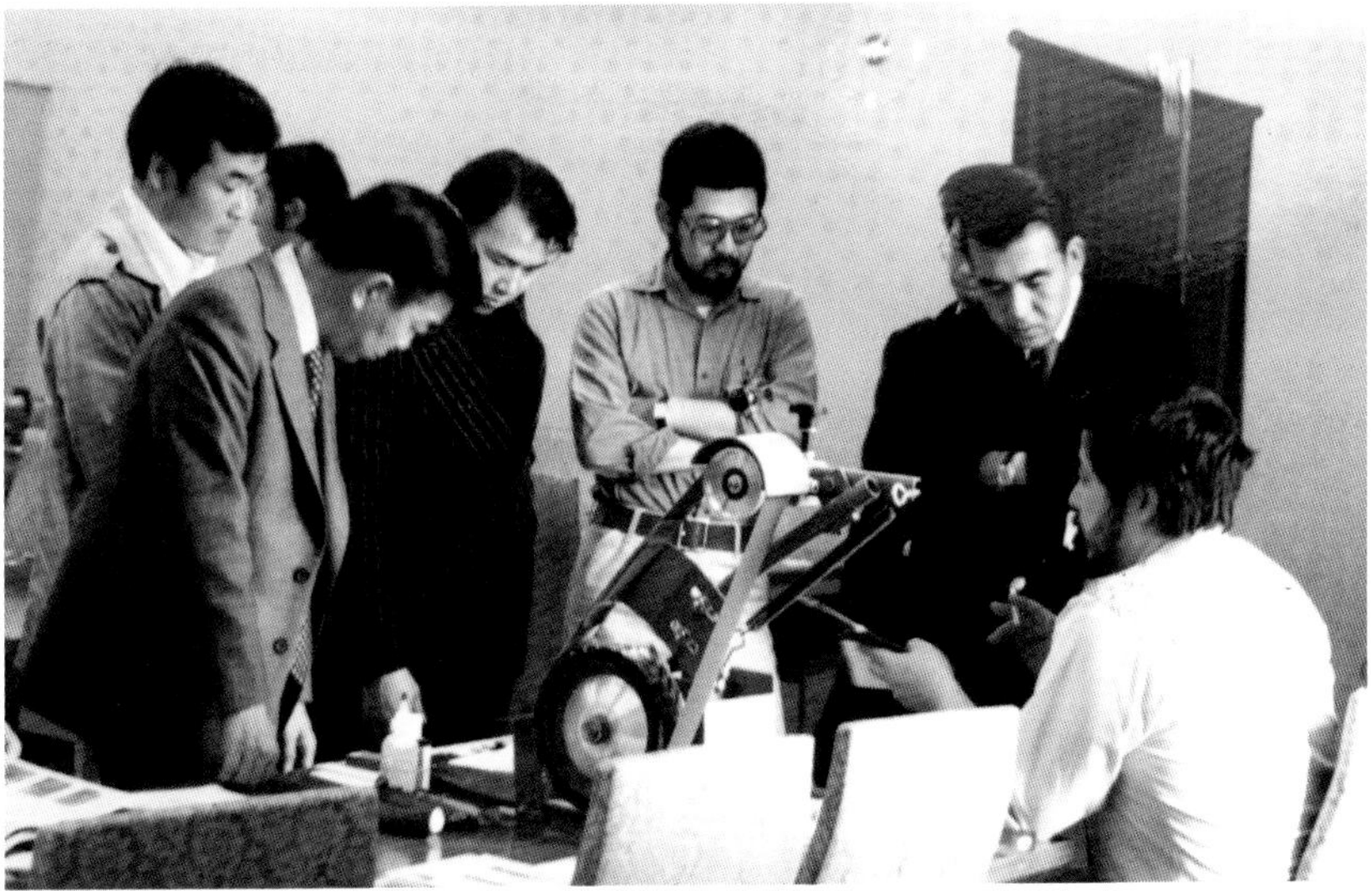

「手造りナイフの集い」には、相田義人、古川四郎ら錚々たるメンバーが参加、出席者65名を数えた。（銀座菊秀所蔵品）

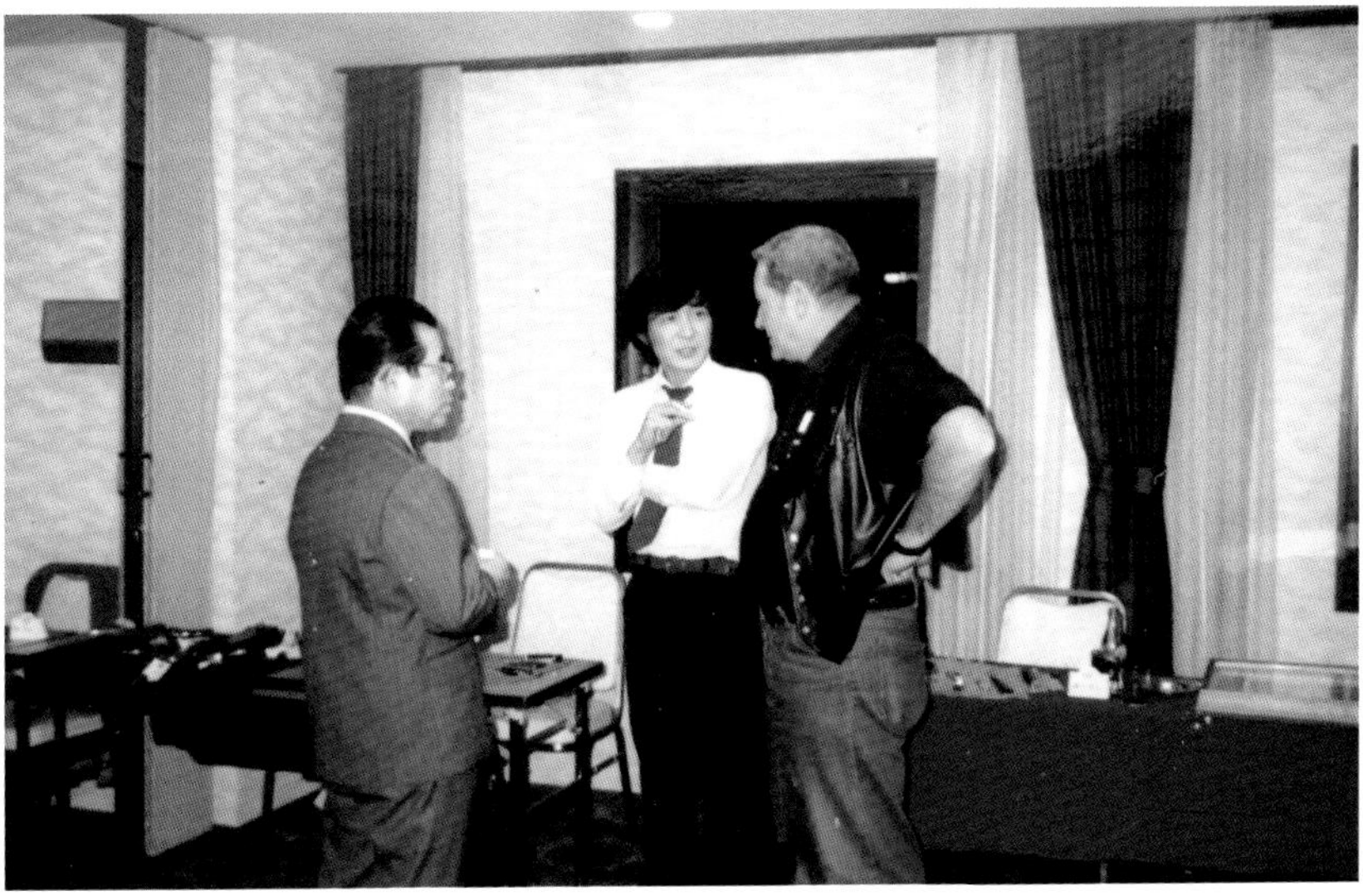

1980年の10月18、19日の両日開催された第１回JKGナイフショー。R.W.ラブレス（右）も参加した。（銀座菊秀所蔵品）

目的はある程度達成されたかのように思われる。

だからこそ、1970年代、それまでの「西部劇」に根ざしたウエスタンスタイルとは一線を画した、ポップさを前面に打ち出したアメリカン・カルチャーに乗って到来した「カスタムナイフ」人気は、刃物に関わる人たちにとっては、衝撃的な出来事であり、刃物文化の復権を感じさせるものでもあった。カスタムナイフ文化がかなり定着した83（昭和58）年に発行された『ナイフの本』（監修：井上武・相田義人、写真：信太一高　双葉社）の前書きで井上はこう書いている。少し長くなるが、端的に時代の空気を語っているので、引用してみよう。

「ナイフを小道具として持つことに、社会はいい顔をしなくなったのです。昭和30年代のことです。ナイフの凶器としての面だけが強調され、ナイフの芸術性や小道具として使う楽しさは後方に追いやられ、刃物を持たせない運動が展開されてしまったのです。つまりナイフを持つ者は、イコール不良といったイメージで見られてしまったのです。（中略）苦難の時代を経てきたものの、10年ほど前から、アメリカのナイフが日本に紹介されはじめ、ナイフのデザイン、機構、美しさなどからナイフが見直され、再び普及するようになったのです。元来日本人は刃物に対して、鋭い感性のある民族です。（中略）文明の発達した国には、必ず素晴らしいナイフがあるものです」

停滞していた時代を経て、アメリカ製のナイフが契機となって盛り上がりつつあった1970年代後半、ラブレスが登場することで、日本におけるカスタムナイフのブームは一時的なものではなく、ひとつの文化として定着するものとなった。その状況に驚き、感謝するだけではなく、中には浮き足立つ関係者もいたであろうことは想像に難くない。

だが、ラブレスは、彼を慕って集まる日本人たちに対しては、カスタムナイフの文化が健全に成長を続けるための示唆も与えていた。そのひとつがギルドの設立であった。

細かな経緯は省くが、相田への約束どおり来日して、ギルドの創設を提案したラブレスに「ナイフメーカーズ友の会」の盛り上がりを元に、ディーラーやコレクターも参加できる会にしたいと井上が提案した結果、ナイフが好きなら誰でも会員になれる「ＪＫＧ」が発足した。初代会長はラブレス（のちに名誉会長となる）、２代目の井上をはじめ、岡安や相田も会長をつとめたＪＫＧは、最大時で約４００人の会員を擁すＮＰＯ団体となり、今に至るまで日本のカスタムナイフ文化を育み続けてきている。

ラブレスが復活させた刃物文化

時間を１９７９（昭和54）年のギルドショーに戻そう。どうにか日本から持ってきたナイフや砥石を通関させ、ロサンゼルスで3泊した一行は、ギルドショー会場、クラウンセンターホテルのあるカンザスティに移動した。カンザスシティは、アメリカのほぼ中心に位置する地の利が注目され、当時、全米規模のイベントが頻繁に開催されていた。クラウンセンターホテルはその御本尊とも言うべき代表的なイベント会場として知られていた。まさに聖地巡礼。勢い込んで会場に乗り込んだ井上や岡安たちは、早速ナイフの本場の洗礼を受けることとなった。

岡安に当時を振り返ってもらおう。

「口角泡飛ばしてセールするんだけど、誰も見向きしない。せっかくだからと日本の切り出しも持っていたんですけれど、ようやく手に取ってくれた客に『これは日本伝統のカーペンターツール（大工道具）だ』と言っても、肩をすくめて行かれてしまう。日本の天然砥石に至っては『なんだこの石は？』でおしまいなんだよ」

切り出しは、いわゆるハンドルが付いていない「インテグラル」と呼ばれる構造で「鉄」のみのシンプルな見た目である。使い手が自らの手に合わせてアレンジを施すことを前提にした作りなのだが、ナイフ文化の本場では半製品としてしか捉えられなかった。のちに世界を代表するカスタムナイフメーカーとなる古川四郎の作品も、大きな注目を受けるまでには至らなかったという。

もちろん売るだけではなく、本場のナイフを手に入れるべく会場を探し回りもした。

「なかなかいいフォールディング（折りたたみ）ナイフを手に入れたんですよ。でもよく見たらMADE IN JAPAN。もう笑うしかなかった」

打つ手どれもがうまくいかずに、ブースで手をこまねいている岡安に、一人の客が「ラブレスが、日本人にナイフを売ったと聞いた。譲ってもらえないか？」と尋ねてきた。

実は、ショーの前夜、一行は、ギルドショーへの参加を勧めてくれたラブレスの部屋に、招かれた。岡安は、その時が初めての顔合わせだったという。

「ベッドの上にラブレス・ナイフが10数本並んでいて『よかったら譲るよ』って言ってくれたんです。一番詳しかった井上さんが交渉して、何本かをショーに先立って手に入れることができたんです」

そのことをラブレスは、彼のブースを訪ねてきた客に伝えたのだ。

「その後、続々とお客さんがやってきました。みんなラブレス目当て。もう慌てふためいて、あり得ないほど低い掛け率で売っちゃいました。今思い出すと、本当にいいスタッグ（鹿の角）を使ったナイフだったんですけれどね」

散々な「初陣」だったが、帰りにはロサンゼルス近郊にあるラブレスの工房を訪ねるなど、収穫も大きかった。彼らは翌年以降もギルドショーに参加、藤本保広（故人）、中川光明（故人）、加藤清志ら日本のカスタムナイフの礎を築いた人々も同行し、世界最先端のシーンをつぶさに観察した。一方でＪＫＧ設立まもない１９８０（昭和55）年の10月にはラブレスも招き、第1回目のＪＫＧナイフショーを開催もした。ギルドショー参加から、わずか1年足らず。日本のカスタムナイフに関わる人たちが、相当な熱意を持って物事を進めていた結果といえよう。同時に、ラブレスのサポートがいかに大きかったかがよくわかる。

今回お話を伺った人物のみならず、彼と親交のあった人間は、皆、目を輝かせて、彼との思い出を語る。それだけで1冊の本ができるほどの質と量だ。第二次世界大戦後、日本に駐留した経験もあるラブレスは、元々が「日本贔屓」だったと言われているが、合理性や理を重要視するナイフデザインやメイキングの理論が、正確さや精緻さを当然のように追い求める日本のものづくりに関わる人たちとの相性が特別に良かったのでは、という感がある。

実際、彼の理論やエッセンスを幾分かでも引き継いでいる作家は世界中にいるが（日本有数のナイフ愛好家の岩崎琢也は「現在、世界を席巻するタクティカルナイフも、ラブレス・ナイフの枠組みから派生しているように、私には見える」とまで言っている）、相田義人をはじめとする日本人作家たちの作品は、おしなべて世界的に評価が高い。要するに「平均点」が高いのである。

「私はボブ（・ラブレス）さんに様々な教えをいただけましたが、ラブレス・ナイフはどこまで行ってもラブレスのナイフ。海外のショーに参加するなどして、日本人である自分の持ち味は何か、を考えました」

そう相田が語るように、ただの模倣ではなく、基礎の理論や技術が欠落した個性でもない、いわゆる「オリジナリティ」を多くの日本のカスタムナイフメーカーは、獲得しているように感じる。ギルドショー初参戦で散々な目にあった井上と岡安が「今の日本人の作品は、世界的なレベルに達していますす」と即答するまでになった根本の部分に、ラブレスの存在があったと見るのは、決して強引な推論ではないはずだ。

カスタムナイフ文化の継承

数ある日本のナイフ関係者とラブレスとのエピソードをひとつ、紹介しよう。

「1980年代に入ってから、ボブさんとはよく会うようになりました。JKGナイフショーなどで来日することも多くなりましたしね。ある時、電話がかかってきたんです。『カズオさん、今から一杯飲みませんか』って」

電話をもらった岡安は、ラブレスが宿泊する西新宿の高層ビル街にあるホテルの一室を訪ねた。ラブレスが、愛飲するバーボン、メーカーズマークの金の封印を開けて、酒を飲み交わした。話題は彼の敬愛する日本車から日本刀、さらにナイフの話へと移っていった。

「日本のものづくりの技術力はすごいよ。ナイフに理想的な鋼材もあるんじゃないかな」

ラブレスはそう言うと、グラスを置いていたコースターの裏側に「15クローム、4モリブデン」と、彼が愛用していた鋼材、154CMの成分表を書き出した。さらに、やりとりをして、炭素量などの細かな成分まで明らかにした。

その話が蘇ったのは、約1年後、岡安がナイフ用の鋼材を海外から仕入れた時のことである。

「鋼材の表面が波打っていたんです。製鋼における圧延の作業は難しいので、どうしてもロットによってそういった不具合が出るのは理解できるし、性能的には問題がない。でも、この鋼材を手に取ったナイフメーカーはどんな気持ちになるだろう。そう感じた時に、ラブレスの話を思い出しました。鋼材屋として、ひとつ上のレベルの刃物鋼を紹介したい、と思いました。そこで、記念に持っていたコースターを取り出して、日立金属の担当者に連絡をとったんです」

岡安鋼材と日立金属の関係は深い。すぐさま調査が始まり「新幹線やスペースシャトルのエンジン周辺」（岡安談）など温度差の激しい部分に使われる「ATS－34」という鋼材が提案された。大企業の血の通った心意気を感じた岡安は、いきなりトン単位の注文を入れた。そして、ラブレスに送って使ってもらうことにした。

「カズオがプロデュースしたATS－34は、最高の出来だ」

アメリカのナイフ会報誌にラブレスは寄稿し、ATS－34を絶賛した。その効果は大きく、たちまちカスタムナイフメーカーたちがATS－34を使うようになった。今では、粉末ステンレス鋼が普及し、理想的なスペックを持つ刃物用ステンレスが数多く存在するが、ATS－34はその安定し

第２回JKGナイフショーの招待ハガキ。

た品質で約40年にわたってナイフ用鋼材として根強い人気を保っている。

「少し前に、アメリカのショーに行ったら、あちらのメーカーが『このATS－34って鋼材をご存知ですか？ アメリカが誇る伝説的なナイフ用鋼材ですよ』と話しかけてきたんです。思わず『それ、日本の鋼材だよ』って答えちゃったよ」

そう笑う岡安は、今も各地のショーでATS－34を持って見学に訪れる。そして、これはと見込んだ若手メーカーに「使ってみて」と渡すという行為を続けている。井上、相田もまた、後進への道筋づくり、メイキングの指導や本の監修を始め、様々な形で文化形成のために尽力している。

日本のカスタムナイフが、恐るべき速度で世界レベルになった。その背景では、多くの人々が、情熱を持って動いてきたのである。

Column

R.W.ラブレスと日本のカスタムナイフ

相田義正（マトリックス・アイダ社長）インタビュー

メイキングの材料や機械工具類を主に扱うショップとして、ナイフ愛好家たちから信頼を寄せられるマトリックス・アイダ。そこの社長・相田義正は、R.W.ラブレスとの親交もあつく、彼を通してさまざまな人物との交流も育んできた。日本のカスタムナイフが育つ上でのキーマン、ラブレスとの思い出を軸に、最前線で日本のカスタムナイフ市場を形成してきた「ここまで」を振り返ってもらった。

未知だったカスタムナイフの世界

もともと、うち（武蔵野金属工業所）は、爪切りや安全剃刀、サファイヤやすりなどを製造するメーカーだったんです。私が仕事に入った昭和40年代も、プレスやメッキといった製造工程を成増にある自社の工場で、1から10までやっていました。従業員も大勢いました。

カスタムナイフに注目するようになったのは、弟の（相田）義人の方が先です。

義人は大学を卒業してそのままうちに入ったのだけど、仕事の合間を見てはカスタムナイフを作るようになったんです。もともと家業で刃物類を作っているわけだから、機械はもちろん研磨剤から鋼といった材料も自分のところで手に入る。そういった意味では、恵まれていたとは思います。「本業にも、もっと力を入れてくれよ」って喧嘩もしたけれどね（笑）。でも、そこまで真剣にやるんだったらと、ナイフ製造用のスペースを設けたんです。実際、なかなか上手に作るな、と思っていましたし。

私もドイツ・ゾーリンゲンの刃物メーカーや、オーストリアの鋼材メーカーを訪問したりしていたので、欧州のファクトリーナイフのことは幾分か知っているつもりでした。でも、義人が目指しているR.W.ラブレスが作るカスタムナイフは、それまで見ていたナイフとはまるで違っていました。

美しいな、と思いました。いたずらに綺麗なだけではなくて、道具としての機能美も備わっている。今に至るまでカスタムナイフを扱っているのは、この最初に受けた衝撃があったからだし、その後も感動が薄れることがなかったからだと思うんですよ。

義人はラブレスさんに直接会って教えを請いたい、と言っていました。そうしたら、私が仕事でロスアンゼルスに視察に行ったことがきっかけで、ご縁が繋がり、本当にカリフォルニア州にある工房を訪問できることになったんですよ。そんな経緯を経て、私もボブ（ラブレス）さんと、お付き合いをさせていただくようになったんです。

ナイフショップとして大転換をする

マトリックス・アイダは、ナイフメイキング用の材料や機器を提供するお店として、1984（昭和59）年にスタートしました。

少し前からナイフの材料を取り扱うことを始めていました。義人の作品が売れるようになっていましたし、ナイフメイキングをしようという人たちが増えて、それらの需要が高まっているのを実感していました。同時に、高度経済成長を経て時代の流れが変わってきていました。廉価な大量生産品が出回るようになって、うちのような手をかけて作った製品の需要が少しずつ減ってきていたし、成増の街もどんどん住宅地として開発されていった。どこかのタイミングで業態を変えた方が良いだろうと考えていました。

ナイフ工房を朝霞に移設したりするのはもう少し先のことですが、大正時代（1914年）に創業してずっと続けてきた業態を変えていくことになるわけです。そりゃあ、覚悟は必要でした。でもやるんだったら、とことんやろう、と思いました。

そんな時に力になったのは、ボブさんのアドバイスでした。

「ショーケースの中にナイフを並べるだけじゃなく、お店にソファをおいてくつろげるようにするといいと思う。そうしたら、ナイフが好きな人たちがお店での時間を楽しむために集まってくる。その人たちと一緒になって、カスタムナイフの世界を育ててい

マトリックス・アイダの店内にはR.W.ラブレスゆかりの品が並べられる。

くんだよ」

　言われた通りにしましたよ。そうしたら、本当にナイフが好きな方々が集まってくださるようになって（笑）。こちらも漆芸作家とのコラボレーション企画をやるなどして、裾野を広げようと色々仕掛けたりしていました。

　ボブさんは「カスタムナイフの市場を育てるべきだ」と、いつも言っていました。

　JKGだって健全な業界を形成するために必要だという彼のアドバイスがあって、生まれたようなものですものね。

　市場を育てるために、先行者は後進を育てるべきだ、というのもボブさんの持論でした。

「ナイフメイキングには秘密なんてない。先を歩いている我々は、自分たちが失敗したことを、新しく入ってきた人たちが繰り返したりしないように、ノウハウを教えるべきなんだ。知っていることを全部教えたって大丈夫。我々はまだ先を歩いているんだよ」

　その言葉通り、知っていることは惜しみなく伝える方でした。

◆

カスタムナイフブームが日本にも到来すると、ナイフコレクターの方々ともつながりができていきました。

　彼らの姿勢にも目を見開かされました。どなたも、自分たちが好きなもの、名前の通った作家のものだけではなく、必ず「有望作家」の作品も買うんですよ。私から見たら「いまひとつかな」と感じるようなものもありましたけれど、彼らが買い支えることで作家さんたちは、次の作品づくりにも高いモチベーションを持って取り組める。そして、ちゃんと上手くなっていくんです。

　コレクターは買い支えることで、作家だけでなくカスタムナイフの市場そのものを育てているわけですね。だったらショップやディーラーは、作家とコレクターをつなぐ役割を担うことで、彼らと一緒に市場を育てていこう、という考えに自然に行きつきました。

　ちなみにショップの名前は、そんな一流のコレクターの一人、福田章二先生につけていただいたんですよ。ご相談しようと、ご自宅にお伺いしたら、奥様で世界的なピアニストの中村紘子さんも一緒にいらっしゃって。「マトリックス」って母体や土台、新しいものが生まれる核の部分を意味するんだ、とおっしゃって、「ナイフの文化を生み出す母体となってほしい」と、ロゴを書いてくださったんです。嬉しかったですね。

ボブさんは私の「親父」だと思っています

　ショップを始めた前後は、毎年数回は、海外のショーに行っていました。義人のナイフを販売する時もありましたし、材料を仕入れる時もありました。何よりも重視していたのは、最新のトレンドや情報を仕入れることでした。80年代にもなると雑誌などで海外の情報もかなり手軽に入るようになりましたが、やはり「空気感」は現場に行かないとわからないし、お伝えすることもできないですものね。

　渡米すると必ずリバーサイドにあるボブさんのお宅にお邪魔して何日間か泊まらさせていただいていました。奥様の淑子さんも、とても親しくしてくださったし、とにかく行くのが楽しみでした。

　夜はメーカーズマークというメーカーのバーボンを飲みながら、ボブさんと話をしました。そこの社長が、ラブレス・ナイフのコレクターだったんですよね。どんな話をしたかなあ。マトリックス・アイダを始める時に限らず、相談もたくさんさせていた

Matrix-Aidaのロゴは、福田章二（作家の庄司薫）の直筆。JKGが結成されて３年後の1983年には、プロを志向するナイフ作家によるグループ、JCKM（ジャパンカスタムナイフメーカーズ）が結成された。人名録にはラブレスと相田義正の弟・義人が序文を書く。

だいたんですよ。

ボブさんのことは「親父」だと思っていました。私はまだ若い頃に父親が亡くなってしまって、41歳からうちの代表を務めているんです。経営のことなどまだまだ教えてもらいたいことがあったんですけれど、それからは自分で考えて決断することの連続でした。そんな時に、話を聞いてくれて、アドバイスもしてくれるボブさんは、本当に頼りになる存在だったんです。

頭の良い方ですし、ビジネスの感覚も鋭い。こちらが「こんなことをしませんか」と提案して、興味を持ってもらえると柔軟に対応してくれました。私も一緒に何かできることが楽しくて、雑誌の誌上販売など、たくさん企画を考えました。

ボブさんは「デザイン」という言葉を軽々しく使うことを嫌がっていました。デザインとは形だけのことを指す言葉じゃない。人間工学に沿って使い勝手まで意識して、はじめてナイフデザインをしたと言えるんだ、と。教育機関でインダストリアルデザインの勉強もしたことがある方ですからね。まあ、本人は「あそこで学ぶことは何もなかった」と言っていましたけれど（笑）。

経営者の視点で、ボブさんのことをすごいと思った点は、何か始めるかどうか決める時に「公益性があるか」を基準にしていたところです。先ほどの企画も「ナイフのマーケット（市場）が盛り上がる」と判断すると快く手を貸してくれました。

◆

私も日本の市場を大きくしたいと自分なりに意識しながら、マトリックス・アイダを運営してきました。さまざまな出来事があったし、幾つもの素晴らしい出会いがありました。ボブさんが「彼は信頼のおける人物だ」と紹介してくれたから、欧米でもたくさんいい友人ができました。

これだけの得難い体験をすることができたのは、R.W.ラブレスという人に会えたことがきっかけだと思っています。

今は息子の（相田）東紀が店長で頑張っています。店にソファはもう置いていません（笑）。でも「気軽に入れる専門店」というコンセプトは変わっていないんじゃないかな。

初めての人が入ってきたら、ナイフを作りたいのか、それとも買いたいのかを聞いて、知りたいことに対して、惜しまずに情報やアドバイスを伝える。そしていつしか彼らが常連になっていく。

ほら、一見でも居心地のいい呑み屋ってあるじゃないですか（笑）。あんな雰囲気のショップであり続けたいな、と思っているんです。そして、ここに来てくださった方々の中から、また新たな日本のカスタムナイフ文化が生まれて続けてくれたらな、と願っています。

参考文献：『ラブレス完全読本』（2015年・ワールドフォトプレス）

第二章

USカスタムナイフと日本

対談：井上 武（ディーラー） × 相田義人（カスタムナイフメーカー）

日本に「作家もののナイフ」という概念がまだ普及していなかった頃に、
いち早くアメリカのカスタムナイフに着目し、
日本にカスタムナイフの文化を根付かせてきた人たちがいる。
井上武と相田義人は、その代表的な存在として真っ先に名前が挙がる人物。
1970 年代の終わりから、情報を交換し刺激しあってきた二人に
「胎動期」を振り返ってもらった。

井上 武が保管してきた最初期の自作ナイフの数々を、相田義人が
1点ずつ確認していく。＊写真：玉井久義（ホビージャパン）

最初期から、R.W.ラブレスを意識して制作したナイフ

――井上さんのお店、銀座菊秀のストックヤードから、相田さんが最初期に制作されたナイフが出てきたそうですね。早速なのですが、相田さん、このナイフを作った記憶はありますか？

相田義人　それが、全然ないんですよ（笑）。

井上 武　そりゃ、覚えてないよねぇ（笑）。まだ作り始めたばかりの頃だもの。私もずっと開けていなかったアタッシェケースの中に入っていたのを見つけた時は、本当に驚きましたから。

――1980年と刻印されたモデルがあります。

相田義人　ええ。僕がプロフェッショナルとして本格的にナイフを作り始めて2年目です。多分、井上さんからご注文を受けたものと、僕がお店に持ち込んで購入いただいたものがあるんじゃないかな。

井上 武　確か、このドロップポイントハンターは、日本人の手のひらに合うサイズを、ということで、R.W.ラブレスの標準モデルよりやや小型の「3インチ」で作ってもらったんじゃないかな。今見ても、いい出来ですよね。

相田義人　いやいや、今見ると、なかなか気恥ずかしいものがあります（笑）。まあ、一所懸命作っていたことは確かです。

――相田さんは、雑誌で見たR.W.ラブレスのナイフに衝撃を受けて、1977（昭和52）年に彼の工房を初めて訪ねていらっしゃいますが、メイキングを始めた当初からラブレススタイルのナイ

フを作っていたのですね。

相田義人 当時は日本でもナイフメーカーが数多く出てきていました。それぞれ独自のスタイルがあったのですが、僕の場合は「ラブレススタイルのナイフを作る」という明確な目標がありましたね。

――アメリカ文化への憧れのようなものはありましたか?

相田義人 僕たちの若い頃はアイビールックが流行っていた時代で、ファッションの面では確かに染まっていました。でも、ナイフに関しては、アメリカだから、と言う意識は全くなかったですね。カスタムナイフの世界に惹かれて、その最高峰の作品がアメリカのラブレスの工房から生み出されていた、ということなんです。

井上 武 その感覚、私もわかります。例外はあったかもしれませんが、当時、カスタムナイフは、アメリカにしかなかったんですよ。中でもラブレス。彼のナイフは他とはまるで違った。美しいし機能的だし、こんな刃物があったのかと衝撃を受けたんです。そして、なんとしても、自分の店で扱ってみたい、と思ったわけです。もちろん、そこにはビジネスとしての目算もありましたが、正直に言うと、最初の頃は、手に入れてみんなに見せびらかしたい、という気持ちの方が大きかったかもしれませんね(笑)。

相田義人 それ以前はドイツのゾーリンゲン製のナイフが高級品で、子どもの頃からすごいなあと思って見ていたんですけれど、アメリカのカスタムナイフは、それらとはまるで違うものでした。そもそもデザインから制作までひとりで作る、ということにまず驚かされました。当時、僕は、父親が創業した武蔵野金属工業所で爪切りなどを作っていたのですが、ラインで作っていましたし、ゾーリンゲンのナイフ工場でも分業制で制作していました。刃物をひとりで作るなんて発想自体がなかったんです。しかもデザインは抜群に格好いい。井上さんじゃないですけれど、なんとしても、自分も作ってみたい！　となりまして。

愛好家たちが集い、情報や意見を交換しながら成長した

――その頃から、銀座菊秀に通うようになったわけですね。

相田義人　元々、会社同士で取引はあったので、お伺いしやすいということもありましたが、実際、ラブレスをはじめとするカスタムナイフをある程度まとまって見ることができるお店は、東京では、銀座菊秀さん以外にはなかったんです。

井上 武　やっぱり本物を見て手にしないと、作品の真髄は理解できないと思うんですよね。確かに、日本でもカスタムナイフメーカーが育ってほしいという思いで、店にあるラブレスなどのカスタムナイフを、これは、というメーカーの方々にお見せすることは意識していました。

相田義人　鋼材やハンドル材といったメイキングの材料もいち早く揃えていただいたこともありがたかったですね。あとやはり、井上さんはもとより、お店に集う方々から伺う話が、とても参考になっていました。

井上 武　あの頃は、いろいろな人がうちに集まってきていました。ナイフメーカーやディーラー、

コレクターといったナイフ好きが、ナイフ談義をするんです。

相田義人　当時は僕も工場で働いていて、仕事が終わってから成増から銀座まで足を運んでいました。もう、いてもたってもいられない感じで（笑）。一つひとつの話が貴重でしたが、井上さんたちが参加された数人のアメリカのナイフショーの話が、特に印象に残っていますね（1979年に井上をはじめとする数人のメンバーが米ギルドショーに初参加していた＝第一章参照）。出会ったナイフメーカーたちのエピソードや、見てきたナイフについての話。まだ僕自身が海外のショーには参加していなかったこともあり、新鮮に感じる話ばかりでした。

井上　武　当時は専門誌もないし、情報源が限られていましたからね。それこそ、鈴木眞先生（著名なコレクター。故人）が、新しいナイフを手に入れた、なんて話が出てくると、だったらみんなで集まって鑑賞しようなんて流れになっていましたね。

――伺っているだけで楽しそうです。

相田義人　僕はそういった場でアドバイスもいただきました。細かな内容は定かではなくなっていますけれど、間違いなく、僕のナイフにも活かされていると思います。先ほど話に出た井上さんの「日本人のサイズに合わせたナイフを」というご提案は、その代表的な例だと思います。実際、後年、アメリカのショーに持って行った際には「こういったアイデアは、我々にはなかった」と言われもしました。

井上　武　カスタムナイフを扱うこと自体が、日本ではまだ珍しかった時期ですから、ナイフに興味を持っている人は、年齢や立場を超えて情報を交換しましたし、お互いに刺激しあっていたと思います。

相田義人　「作り手の技術やノウハウを共有してカスタムナイフのレベルを上げるためには、ギルド（組合）があったほうがいい」と、ボブ（ラブレス）さんがサポートしてくれたことが大きな契機となって、ＪＫＧ（ジャパンナイフギルド）ができるまでは、井上さんのお店や、近所にある喫茶店での「サロン」が最大の情報交換の場でした。ナイフ制作のハウツーも、作っている者同士で、口コミで交換していましたから。

井上　武　ＪＫＧが、ナイフショーをやっているのは、ナイフを売るためだけではなく、メーカー同士が、作品を見て学ぶ場になれば、という思いが根底にあるんですよね。

相田義人　僕なんかは、みんなで集まって「とにかく、やってみよう！」って盛り上がっていただけじゃないかな、と思うんですけれどね（笑）。やはり、井上さんや、ボブさんの存在があって、日本カスタムナイフの文化の基礎が形作られたのでは、と思っています。

——いずれにしても、アメリカのカスタムナイフなくして日本のカスタムナイフの文化は生まれなかったわけですね。

井上　武　その通りだと思います。

制作に集中しやすい環境があった

——相田さんがこれらのナイフを作られた頃は、プロとして活動し初めて間もない頃ですよね。

相田義人 そうですね。井上さんにオーダーいただいたものと、自分で持ち込んだもの、両方あると思います。井上さんの銀座菊秀をはじめとするお店でも売れるようになって「これでやっていければな」と思っていましたけれど、自信はなかったです。

井上 武 でも、実際ものすごい量の注文入っていたんですよ。ちょっと追いつかなくて、お断りしたこともあったくらいで。

相田義人 アウトドアブームだったこともあると思いますよ。ただ、僕の世代は、恵まれていたと思います。井上さんをはじめとするナイフショップによる流通がしっかりできていたので、我々は制作に集中しやすい環境になっていたと思います。1980年は、JKGが発足した年なのですが、JKGナイフショーなどで、皆さんに見ていただいて、ショップからオーダーをいただくという流れが出来上がっていました。

——海外のナイフショーにはいつ頃に行かれたのですか？

相田義人 もう少し後、1990年代になってからですね。当時はまだ自らの作品づくりに集中している時期ということもあって、海外のショーに出ることは控えていたんですよ。初めて参加した時は、緊張はしたけれど、嬉しい気持ちも大きかったですね。

——相田さんは、当初から「ラブレススタイルのナイフを作る」という明確な目標をお持ちでした。海外にも同じテーマで制作をしている作家も多いと思いますが、ショーで実際にご覧になっての感想はいかがでしたか？

相田義人 たとえラブレスの型紙を使っていても、その作り手の個性が出るものだな、と改めて思いました。完全なコピーはできない。ラブレスのナイフはラブレスだし、D．F．クレスラーやS．R．

ジョンソン（注：いずれもラブレススタイルで世界的な評価を得ているナイフ作家）の作品は、彼らの作品です。良い悪いの話ではなくて、当たり前の話なんです。僕もラブレススタイルを追求していく中で、オリジナルをただ追いかけるのではなく、『自分は自分の良さを磨いていくしかない』と、開き直っていた部分はあったのですが、海外のショーに参加することで、その思いはより強固になったと思います。

井上 武　当時の相田さんはすでに自分のスタイルを確立もしていたと思うんです。日本人の手のひらに合わせたサイズの3インチのドロップポイントなどは、海外の人たちに「我々には考えつかない」と、非常に高く評価されていましたしね。

相田義人　確かに海外のショーに行くことで、ある程度はやっていけるかもな、という手応えは得たようにも思います。でも、今お話に出た3インチのモデルは、井上さんのアイデアがあったからできたナイフですし、日本のディーラーさんが、厚みや長さにバリエーションがある鋼材を提供していただいたことも、大きかったと思います。しかも、先に参加していた方々のおかげで、日本のナイフ自体、すでに高く評価されていましたから。それもあって、受け入れてもらいやすかったと思います。

名作を数多く、実際に見て触ってもらいたい

——話を変えて、最近の新しいカスタムナイフは、どうご覧になっていますか？

井上が所蔵する往年のアルバムを前に当時を振り返る。＊写真：玉井久義（ホビージャパン）

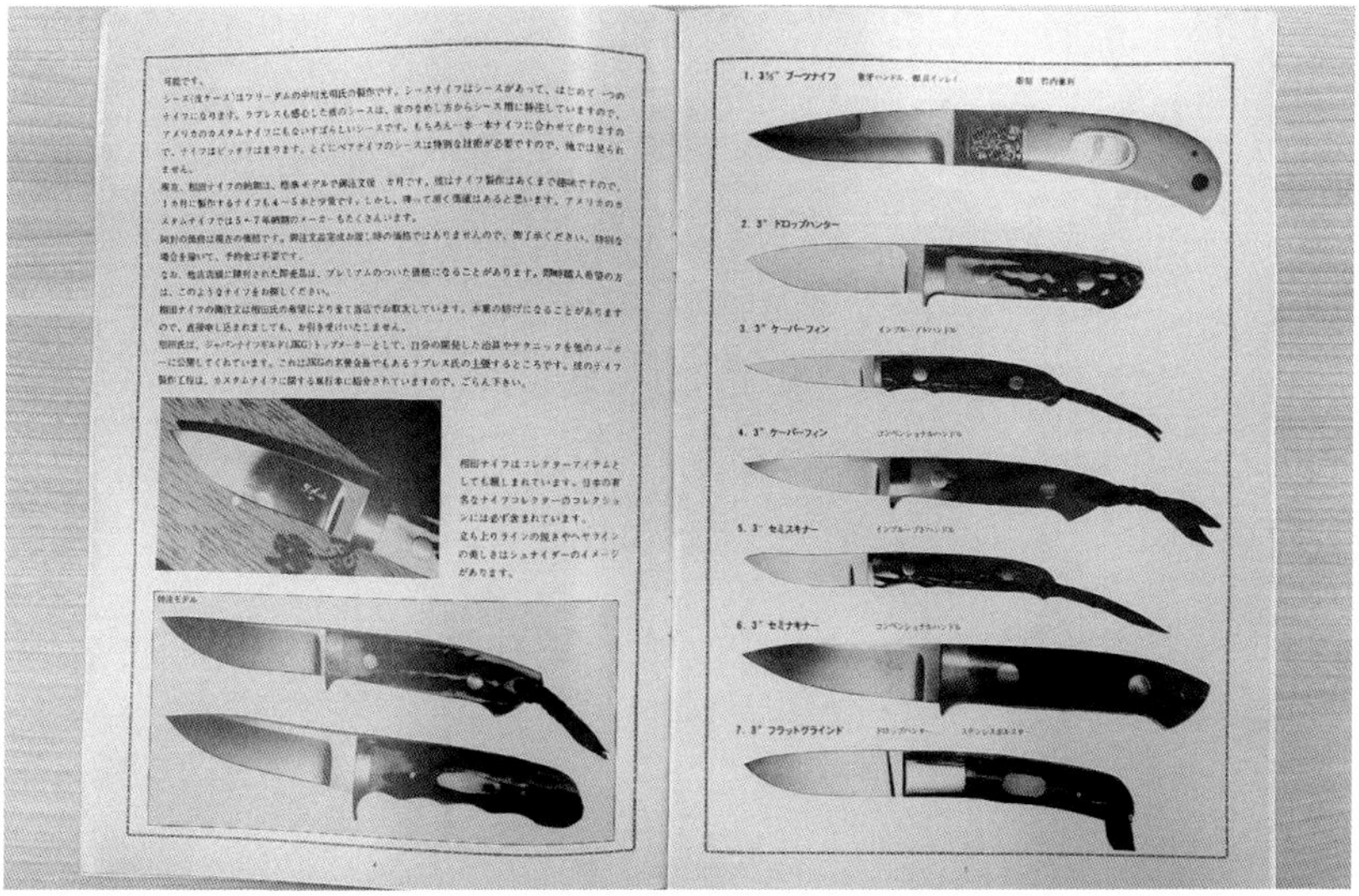

1980年代の銀座菊秀のカタログより。相田義人のナイフは人気で「注文の受付をストップせざるを得ない時もありました」と井上は語る。

井上 武　もちろん好意的に見ています。１９７０年代から80年代にかけては、形状など全般的にもう少しシンプルだったんですよね。そのシンプルさは、実用性を突き詰めた上で生まれたもの。作家の方々がそのデザインをさらに洗練させ、突き詰めていくところに、皆が注目していたように思います。現在の一部の海外のナイフを見ていると、インパクトを重視したようなデザインを目にすることがあります。それはそれでいいと思いますが、実用という観点で見れば、変えなくていいところも多いのではないかな、と思います。変えなくてもいいところを見極めるということは、逆に言えば「自分が変えられる部分」を見つけることです。セオリーを守りつつ、技術的にも高いレベルで個性が滲み出てくるようなナイフを目にすると、やはり今でも嬉しくなってしまうものですよ。

相田義人　井上さんのおっしゃる通りで、さまざまなナイフがあっていいのでは、と思っています。自分がいいと思うデザインを追求しながら、本数を作っていく。そうすると、見えてくるものが必ずあると思います。改良する点を自分で見つけることができたら、さらに作品に深みが出てくるんじゃないかな、と思います。

井上 武　ＪＫＧが設立当初からナイフショーを開催しているのは、自分のナイフを批評してもらうことや、他の作家のナイフを見たり交流をすることで、カスタムナイフ全般のクオリティを上げていこうという狙いがあったんです。いわば勉強会という側面もありました。面白いな、と思うのは、同じナイフを手に取っても、人によって感じることが違うんです。どこがいい、何がいい、どう感じるかはその人の自由です。使い方だって皆違うんです。だから、絶対的な正解を見つけようとするのではなく、まず自分の「これがいい」という感覚を養っていただけたら。ＪＫＧの設立メンバーとしては、そう思いますね。

――作り手本人にしても、「いい」の基準は少しずつ変わっていきますよね。

相田義人 そうですね。今回のナイフはタイムカプセルを開けたようなもので（笑）。見て感じたのは、今の作り方とはずいぶん違うな、ということ。自分の中では「ああ、ここまでで良し、としていたんだな」と感じるポイントもあるんです。ただ、この時は、これが一番いいと信じて作っていたことは確かですし、どれをいいと感じていただけるかは、手に取ってくださる方々が決めることなんです。

井上 武 相田さんの作品のクオリティは、当時から頭抜けていました。作家さんは、完成したと周りが思っているものでも、満足せずに、生涯かけて改良を重ねていく。そういった人種だと思いますし、そうでなければ後世に残るいいものなんてできっこないですよ。

相田義人 ボブさんは、ずっと、より良いナイフを作り出すことを追求されていたと思います。これはあくまで私見なんですけれどね、ドロップポイントは生涯かけてデザインを改良し続けていらっしゃったんじゃないかな、と思うんです。たとえば、セミスキナーなんかは、デザインもはっきり決まっているのですが、ドロップポイントは実にさまざまなバリエーションを作ってこられている。実は、ボブさんの工房にもドロップポイントの型紙はたくさんありましたしね。私などから見れば、もう十分では、と思うような優れたデザインなのですが、彼ほどの作家になると、生涯をかけて追求したいデザインだったのでしょうね。

――そういったことを知るためにも、できるだけいいナイフを見る機会を持ちたいところですね。

井上 武 そうですね、名作と言われていれるものをできるだけ数多く、実際に見て触っていただきたいなと思います。もちろん独学で技やセンスを磨くことは大切です。でも、自分の考えだけで固まってしまうことは、ちょっと怖いんじゃないかな、と私は思うんです。折に触れて「正当」なものと、自分の考えや信じているものを比較することが、大事だと思うんです。知るための作品があり、気にかけてくれる人がいる。そんなリソースを最大限活用して、より良い作品に昇華していってもらいたいと思います。

自分のナイフは、自分で完成させるほかにない

――相田さんが、ナイフづくりにおいて特に心掛けていらっしゃることはありますか。

相田義人　推敲することを大事にしています。特にデザイン画は、何度も何度も、納得いくまで描き直してから制作に入るように心がけています。実際に作ってみて、やっぱり違った、と変更するのは、作り手としてのモチベーションも下がってしまいます。だからこそ、始まりを大事にしています。スケッチの段階から何度も描いて、一旦寝かせて見直して、描き直して、を繰り返して、もう直すところがない、となってから作る。時間も手間もかかりますが、それだけデザインに真摯に向き合うと、できるものもちょっと違ってくるのかもと考えています。

――若手の作品にコメントをしたり、教えたりする機会もあると思うのですが。

相田義人　ＪＫＧナイフコンテストの審査などではありますけれど、基本的にはないです。どのナイフも「その人のナイフ」であって、「僕のナイフ」ではないから、あれこれ言わない、というス

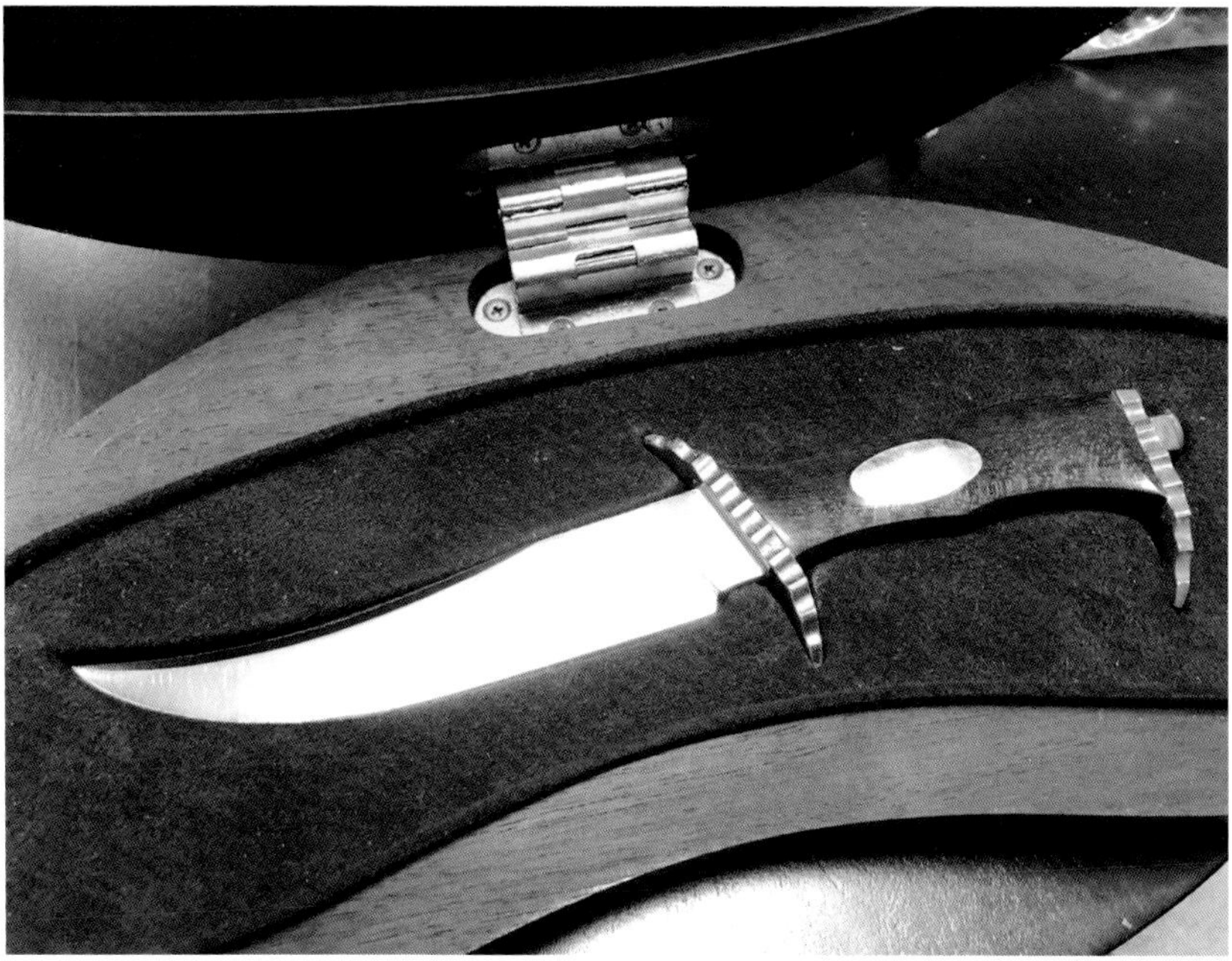

銀座菊秀に保管されている相田義人の初期の作品。

タンスです。作り方に関しては、頼まれたらひと通りお伝えしますし、デザインに関してもお見せします。聞かれたら必ず教えることは、怪我などにつながる危ないことや、禁止事項。機械の使い方もそうですし、手を痛めないような角の丸め方などです。でも、そういった基本を教えたら、あとは自分でやってください、です（笑）。僕に教わったなんて言う必要もない。自分のナイフは、自分で完成させるほかにないんです。

――いい作品を数多く扱って広めていく役割を担う井上さんとは、スタンスが違うかもしれません。

井上武　そうかもしれませんね（笑）。私としては、自分の作風を確立させていく過程で、やっぱり、相田さんをはじめとする実績のある先輩たちの話を聞きにいってもらいたいですね。ちょっとした

やり取りでも、必ず、得られるものがあると思うんです。

相田義人　もちろん私がお話しできることがあればですが、お話しはします。

――貴重なお話をありがとうございました。

ファイティングナイフ 6インチ(上)
オリジナル・ドロップポイントハンター 3 1／4インチ(下)
＊写真：玉井久義(ホビージャパン)

Column

“あの頃”のUSカルチャー

1964（昭和39）年の夏、銀座の街角に登場した「みゆき族」は、金ボタンのブレザーにボタンダウンのシャツに、自然な風合いに整えた短髪が特徴だった。ファッションメーカー「ヴァンヂャケット」が発信した、アメリカ東海岸の男子大学生たちのファッション「アイビールック」を、同年創刊された『平凡パンチ』が特集すると、たちまち全国的な流行となった。西部劇に代表されるタフでヘヴィーデューティーな世界観とは真逆ともいうべき爽やかさは、アメリカへのイメージも大きく変えた。

日本にカスタムナイフが紹介され出した頃、『Made In U.S.A. Catalog』という本が発行された。その名のとおり、ジーンズやブーツといったアメリカ製のブランドをスペックに至るまで紹介したそれらは、大きな評判を読んだ。その人気をベースに、制作スタッフたちが『平凡パンチ』の出版社マガジンハウスから創刊したのが雑誌『POPEYE』。

1976（昭和51）年の創刊号が紹介したナイキをはじめとするアメリカ西海岸のカジュアルな文化は、ふたたび日本中の若者を虜にした。米カリフォルニア州に工房を構えていたR.W.ラブレスのナイフも、青年誌で取り上げられるなどすることで、広い層に注目されるように。

日本のハンターたちが海外の海外のアウトドア雑誌からガーバーをはじめとしたファクトリーナイフに注目しはじめたのが昭和40年代初頭とされている。「実用」という面から欧米のナイフがハンターやアウトドアズマンたちの目に止まり、やがてカスタムナイフへと興味が向けられていく流れと並行するように、アメリカのカジュアル文化が流行となったことで、欧米のカスタムナイフは日本に受け入れられていったのである。

参考文献：『昭和レトロ　モノ語りクイズ』（2023年・東京新聞）

第三章

蘇る職人芸、東京ナイフ

伝説に彩られた元祖・日本のカスタムナイフ

藤本保広が作り出したカスタムナイフは、大きな反響を呼んだ。現在もコレクターたちの間で人気を保つ。（正秀刃物店所蔵品）

その1　東京ナイフ、その歴史

伝説的に語られてきた存在、東京ナイフ。東京のナイフ職人たちが作り出したものは、欧米のナイフを独自に昇華して、精度が抜群に高く、それでいてどこか暖かみを感じさせるシェイプのポケットナイフ。究極の日本人のためのポケットナイフの全貌が、２００４年の貴重な証言で蘇る。

首都で生まれたポケットナイフ

東京ナイフの起源は諸説ある。東京にポケットナイフの職人が登場したのが、明治・大正期といわれる。世界的なナイフ産地となった岐阜県関市の職人が「東京のナイフを持ち帰った」という話が残っているように、そのクオリティは相対的に高かったとされる。

大正末期ごろからは、ナイフ職人たちが数多く現れるようになった。当時いち早くナイフの需要の高さを見抜いた問屋や小売店が、西洋のナイフを持ってお抱えの職人に同じようなものを作らせた、あるいは刃物鍛冶がナイフを手本にして作り、自ら売り込んだり、といったことがあったのだろう。いずれにしても初期の東京ナイフのブレードのシルエットなどには、ドイツ・ゾーリンゲン

本文は2004(平成16)年発行の『傑作ポケットナイフ』(ワールドフォトプレス)内「蘇る職人芸、東京ナイフ」の記事(取材・執筆：服部夏生)を一部修正の上、再掲載したものです。取材対象の方々の肩書等は全て取材当時のものです。取材対象などに関するお問い合わせは、お受けしかねますので、ご了承ください。

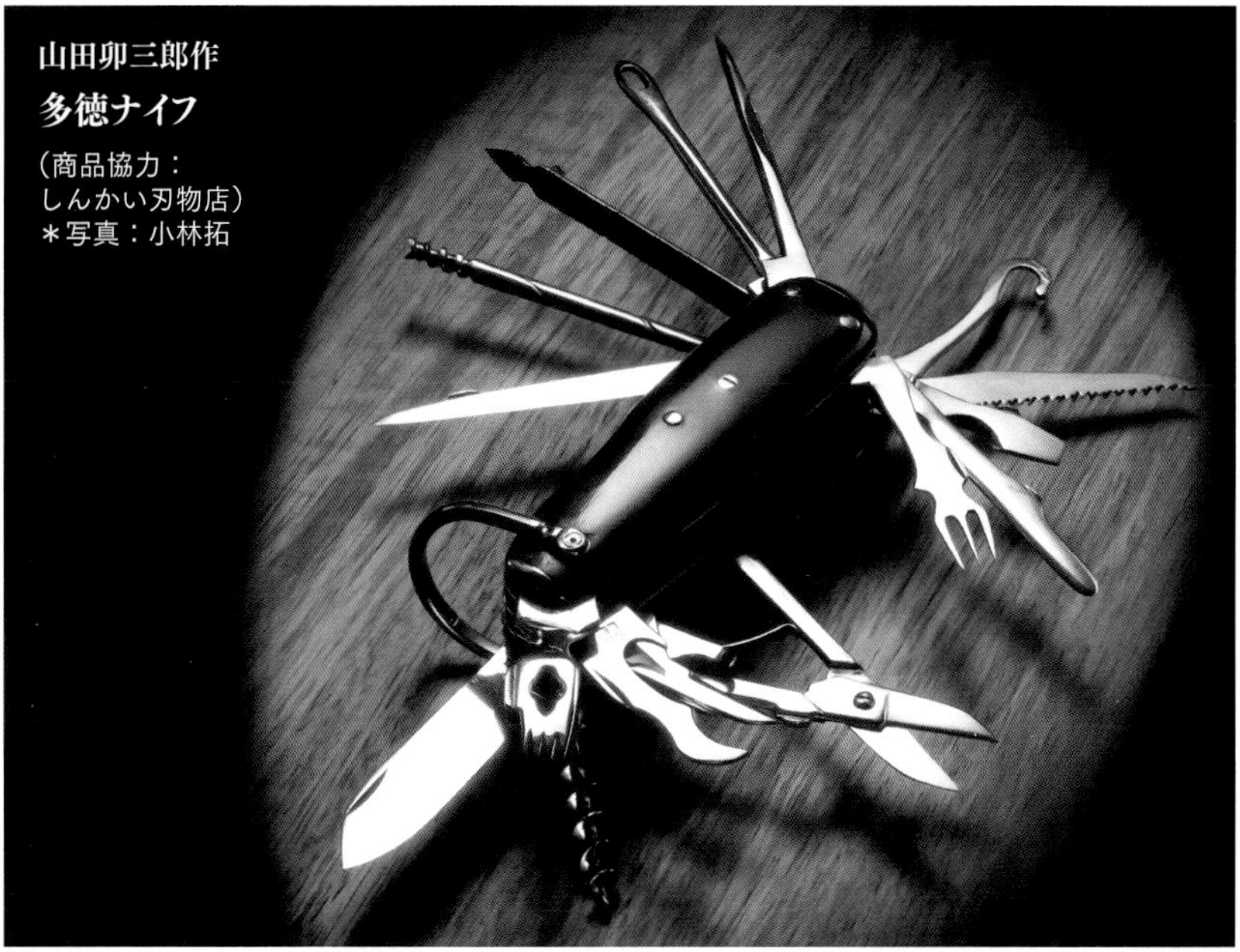

山田卯三郎作
多徳ナイフ
（商品協力：
しんかい刃物店）
＊写真：小林拓

など欧米のファクトリーナイフからの影響が強く見受けられる。その上で、全てのパーツが手作り。中でもブレードは火造り鍛造、ステンレス材にも焼き入れを施すといった、刃物鍛冶に通じる技術が投入されている。

　また、全体の角が取れて丸まったシェイプや、コインの上に置けるようなミニチュアナイフや折りたたみ式のはさみといったバリエーションの豊かさも、東京ナイフ独自のものだ。東京ナイフは、西洋のコピーから始まり、次第に日本人独自のナイフへと昇華させたものとも言えるだろう。

山田卯三郎《やまだうさぶろう》という職人

　東京に出現した職人たちの中で、今も伝説的な腕の高さを持っていたのが、山田卯三郎《やまだうさぶろう》という人物だ。世田谷で芦沢という職人の弟子としてナイフ制作を始め、その腕はまもなく評判となる。ついには国内有数の大手刃物屋だった「菊秀」に見込まれ、1939（昭和14）年にできた松戸の専用工場にナイフ職人としてスカウトされた。

この瞬間、東京ナイフの輝かしい歴史が幕を開ける。

銀座の一等地に本店を構える菊秀の顧客は、高級将校など生活水準の高い人が多かった。そういった人々に1点ものの卯三郎のナイフは特に好まれた。

「山田卯三郎のナイフは完全に手作りで、今でいうカスタムナイフです。自分でデザインもしており、コレクターもいたそうです。戦前、満洲国の皇帝が何十丁出というものを買っていった、という話も父親から聞かされました。まだナイフが普及していない時代に、日本人に合った東京ナイフの登場は革命的なことだったのでしょう」

と現在の銀座菊秀のオーナー井上武は語る。当時の菊秀にはドイツ製のナイフもあったが、完全な手作りは卯三郎をはじめとする東京ナイフ職人のものくらいしかなく、最高級品として扱われていた。

「山田卯三郎のナイフが最高でした。ガタが来ないんですね」

終戦時まで菊秀で番頭を務め、仕入れを担当していた銀座菊藤の遠藤孝吉は言う。当時の菊秀に出入りしていたナイフ職人には1、2丁出の小原、「軍人ナイフ」の塚本といった名手もいたが、小さな多徳をうまくまとめるとなると山田卯三郎が抜きん出ていた。

本人とは、世田谷で作っていた頃は出来上がったナイフを菊秀に持ち込んでいたので、よく顔を合わせたが、日本の高級ポケットナイフを作り上げた功労者は、髭を生やした「おとなしい人」だったそうだ。職人とは思えない洗練された姿が、銀座の街並みによく似合ったと語る。

山田卯三郎作
コインナイフ／ミニチュアナイフ
（商品協力：しんかい刃物店）
＊写真：小林拓

丁寧な手作りが出す味

戦後、山田卯三郎のナイフは、いくつかの問屋に直接卸されるようになった。

そのうちに重吉商店、松井刃物には、山田卯三郎のナイフが数多く保管される。

「ころころしていて、ピチッとしていないんですね」

重吉商店の代表、鈴木賢は、独特の表現でその特徴を語る。確かに多徳ナイフの背バネ部分には隙間も出ているし、ブレードの立ち上がりもどこか丸みを帯びている。しかし「本当の手作りだから」と鈴木は言う。確かに、遊びはあるが、使うことに支障が出てくるようなガタはない。つまり押さえるべきポイントはきちんと押さえる技術はあった。その上での遊びが、角の取れたハンドルシェイプと相まって愛嬌のある丸みと感じさせる。

「ステンレス材はタガネで、鋼は火作りでやっ

銀座菊秀が制作した『藤本保広ナイフカタログ』より。昭和50年代のものと推定できるが、1点14,000円から購入できたことがわかる。（正秀刃物店所蔵品）

ていましたから、いろいろな形が作れたのでしょうね」

松井刃物の会長、松井清司は、ずらりと並んだ東京ナイフを前にして言う。バリエーションは多いが、どれも丁寧な作りが目に付く。

「爪で開けられるように作れ、というのが東京ナイフの鉄則でした」

その言葉どおり、どのナイフのブレードも無理なく開けられる。保存状態さえ良ければ、いつまでも使えるのが東京ナイフ。中でも山田卯三郎は精度の高さが際立っていたといえよう。この鉄則は、藤本保広に代表される次世代の東京ナイフ職人にも受け継がれていった。

職人を育てた藤本保広

戦前、東京に松田刃物という刃物製造、卸業者があり、多くのナイフ職人を抱えていた。東京小石川生まれの藤本保広はそこに入り、すぐに頭角を現した。戦時中は多くの刃物職人と同じく要請によって軍刀を作り、戦後は請われて、刃物の一大産地、岐阜県関市の山田刃物で働く。関の職人たちにはさみの作り方を教える、という役割もあったそうだ。はさみは東京ナイフ職人の腕の見せ所で、当然、藤本も得意としていた。

その後、再び東京の青山に戻り、程なくして藤本ナイフ製作所を立ち上げた。

「当時は何を作っても売れる時代で、昼夜なく働いていていました」

藤本保広の未亡人、綾子は当時を回想する。海外輸出用の他に、ホテル、ＰＸ(米軍専用の売店)などが主な売り先だった。精密な作りは西洋人に特に好まれた。

「全盛期には40人くらいの職人を抱えていました」

と綾子は振り返る。まだ若い職人も多かったが、親分肌の藤本になつき、「みんないい子でしたね」と懐かしむ。

「藤本ナイフ製作所に入って10年もしてからは、私の考案で作ったナイフも多かったですね」

現在残る唯一の東京ナイフ職人、鹿山利明はそう語る。１９６０(昭和35)年、当時社会党委員長だった浅沼稲次郎が青年に刺された「浅沼事件」が契機となって、世間にはいささかヒステリックなナイフ追放運動が盛り上がっていた。刃物業界は大打撃を受け、数多くいた東京ナイフ職人も次々に転職した中でも藤本ナイフ製作所は残っていった。それは鹿山のような高い技術を完成を持った職人を育てていたからに他ならない。

「私は石のグラインダーでブレードを形作ります。だから立ち上がりが直角のものが作れるのですよ」

そう語る鹿山は、藤本ナイフ製作所時代と同じく、ブレードには焼き入れを自ら施す。石のグラ

静岡県沼津市の正秀刃物店で開催されていたショーでの鹿山利明。加藤清志らも招かれた豪華なナイフショーだった。（写真提供：正秀刃物店）

インダーと同じく、元々は鍛冶の技術をナイフの応用したもの。それだけ手間もかかるが、逆に言えばひとつひとつに手をかけた品物作りを要求される。

「東京の職人は責任持って最初から最後まで作るんです」

それは、作家性が重んじられるカスタムナイフという概念にそのまま当てはまる考え方でもあった。

カスタムナイフへと昇華

昭和40年代後半、アメリカのカスタムナイフが日本にも入り始めてきた。それまで外国のナイフと言えばゾーリンゲンくらいしか知らなかった刃物屋にとっては驚異的なものでもあった。どちらかと言えば質実剛健なドイツのファクトリー製のナイフに比べ、カスタムナイフは、細かなところにまで手をかけ、装飾も時には施され、何より1本ごとあるいは作家ごとの個性が顕著に現れていた。

銀座菊秀の井上にとっても、それはカルチャーショックだった。やっとの思いで手に入れたカスタムナイフが店頭に置くや否や売れてしまう。まずは勉強をしようと文献を漁ったりしていくうちに日本のカスタムナイフを作ろうと考えるようになる。

「これはロン・レイクのバックロックフォールダーで…、などと見せて『作れますか?』と聞くと『作れる!』って(笑)。こっちも面白くなってきましてね」

藤本保広に声をかけたら二つ返事で製作を引き受けた。それまで欧米のカスタムナイフを見たこともなかったにもかかわらず、である。井上もまだ勉強中だったが「お互いに手探り状態」で作り始めた。藤本が工場を閉めてから夜中まで、図面を広げてああでもない、こうでもないと議論を重ねた。

「なんでも打ち込む人でした。極めなきゃ駄目なんですよ。結局ナイフが好きだったんですね」

と綾子は言う。

晩年体調を悪くし、入院してもベッドの下に試作品のナイフをしまい込んで眺めていたという藤本が作り出したカスタムナイフは、本場アメリカの専門誌にも大きく取り上げられるまでになっていた。東京ナイフ最後の職人、鹿山利明は、装飾性の高いカスタムナイフから、どこか懐かしい感じのミニチュアナイフまで、様々なバリエーションのポケットナイフを作り出してきた。和のテイストをどこかに残したそれらのナイフは、日本のみならず、世界中から高い評価を得ている。

連綿と続いてきた東京ナイフの伝統は、時代を経て世界に誇れる『文化』にまで昇華したのかもしれない。

その2　伝説のポケットナイフ、その魅力

東京ナイフを生み出した刃物屋を継ぎ、自らも東京ナイフの系譜を汲むカスタムナイフ作りに深く関わった銀座菊秀の井上 武に、その全貌と魅力を紹介してもらった。

伝説の職人、山田卯三郎と藤本保廣

――東京ナイフを語る上で切っても切れない人物が山田卯三郎です。東京ナイフの大立者で、数多くの名品を世に遺しましたが、氏の創作においてなにかお手本があったのでしょうか？

井上　恐らくあったでしょうね。

――あるカスタムナイフメーカーに話を伺ったのですが、山田氏のブレードの削り方がシェフィールドのものに酷似しているそうです。

井上　なるほど。彼の作品を見ていると、その多くは、本などで海外のナイフを参考にしながら作ったように思います。ただ、中にはどれにも似ていないブレードデザインもあります。その辺は独自で作られたのだと思います。というのも、卯三郎は、ものすごいアイデアマンで、数多くの意匠を生み出した優れたデザイナーでもありましたから。時にはその才能が空回りして、真ん中からぶ

本文は「東京フォールディングナイフショー」で2017(平成29)年に行われたトークショーをもとに再構成したものです。

った切ったコインを柄にしたコインナイフや、刃がペラペラで異様に長いメロンナイフなど、ユニークな試作品も数多く残しています。

――山田卯三郎が戦前から戦後早くにかけての東京ナイフの代表格なら、その後継者は藤本保広だと認識していますが、井上さんは、藤本さんのカスタムナイフ制作に深く関わりました。

井上　1970年代後半だったでしょうか。ある日うち（銀座菊秀）にいらして「今、売れ出しているアメリカのカスタムナイフを自分でも作れないか？」とおっしゃったんですよ。藤本さんが、藤本製作所という刃物工場を立ち上げて、東京ナイフの系譜を継ぐポケットナイフの量産品を製造していたことは、よく存じ上げていたので、とりあえずアメリカ製のナイフをお見せして、デザインの特徴や仕上げの丁寧さなどについてお話したんです。すると「作ってみるから、一度見てくれ」とおっしゃいました。藤本さんは仕事が早い方で、その後、1日に1本のペースで新しいナイフを作って持って来られるようになりました。そのナイフを見ながら一緒に「ここを改良しよう」「ここはこうした方がいいのでは」などと議論を重ねました。

とにかく研究熱心な方で、アメリカのカスタムナイフに近づきたい、と試作を重ねていらっしゃいました。お互いの住まいが近かったこともあり、行き来しては、夜明けまで語り合うといった日々が続きました。その甲斐もあったのでしょうか、藤本さんは元来あったナイフ作りの腕を、さらにめきめきと上げ、カスタムナイフメーカーとしても高く評価されるようになったのです。

結局、藤本さんがカスタムナイフを作り始めてから、60歳で亡くなるまで、わずか10年ほどの製作期間しかありませんでした。にも関わらず、東京ナイフを継承するカスタムナイフメーカーとして、数多くの名品を世に遺された。これは、彼のナイフ作りに対する凄まじいまでの情熱が成したわざだったと、私は思っています。

——井上さんが銀座菊秀に入った昭和40年代は、どんな方がポケットナイフを購入していましたか？

井上　それがあまり覚えていないのです（笑）。というのも、その頃はもう卯三郎だなんだと「こだわる人」がいなくなっていたんです。当時、置いていたのは、YAX《ヤックス》とかTASSA《タッサ》とかROBUSO《ロブソ》でした。それらは卯三郎と一緒に仕事をしていた職人たちの手によって作られたものですが、1,000〜2,000円で売ってました。

——戦後、東京のいくつかの刃物卸業者が、それぞれ刻印を使ってポケットナイフを製造していた時代がありました。菊秀さんが松戸工場での刃物製造をお辞めになる前後から、それらの刻印があるものが、いわゆる「東京ナイフ」と呼ばれていたんですね。

井上　そうですね。それらは、上着のポケットに入れておくような「ちょっといい感じの紳士用ナイフ」といった存在でした。

実用品として高いクオリティを保つ

——井上さんから見て、東京ナイフと、アメリカ生まれのレミントンやケースといったファクトリーのポケットナイフとの違いは、どんなところにあると思いますか？

井上　「使いやすさ」ですね。アメリカのナイフは、デザインに徹底的にこだわるあまり、我々日本人の感覚からすると、でかくて重く、普通のポケットには入れづらい、と感じるものが少なからず存在します。片や東京ナイフは、ポケットに入れておいて、いざとなったらすぐに使えるような、小さくて重さを感じさせないものなんです。しかも薄い刃は実用的で本当によく切れる。もちろん程度の良いものは、デザインもほどよく洒落ていて、人にも自慢できますしね。

――錐《きり》が付いているモデルが多いところが、面白いなと感じます。

井上　詳しくは分かりませんが、恐らく昔の本や帳簿といった紙に穴を開けるためのものでしょうね。

――紙に穴を開けるといったら、事務やデスクワークに使うといったイメージになりますね。おっしゃる通り、仕事場の机の上にも置いたりする、普段使いのナイフとして使われていたんですね。

井上　そうですね。ちなみに、日本でアウトドア用のナイフが本格的に出てきたのは昭和40年代後半で、アメリカのナイフが本格的に輸入されてきてからのことになります。これらには、ブレードを開閉した時に固定できる「ロック機構」が付いています。あのロックは東京ナイフにはないんですよ。デスクワークなどに特化したナイフだったんです。

――あと、東京ナイフといえば、はさみのクオリティの高さが特筆されます。

井上　刃裏がきちんとすいてあるし、ちゃんと刃がぶつかるように付けてあるので、とにかくよく切れました。糸は勿論、布が切れるものまでありました。藤本さんも、鋏は得意で関に鋏作りを教えに行ったことがある、とおっしゃっていたくらいで。その一方で、当時の量産品のナイフに付いていた鋏は、刃と刃がうまくぶつからず、全然切れませんでしたから、余計に技術の高さが目立ちました（笑）。

――東京は裁ち鋏の産地でもあったので、その界隈の技術流入もあったのでしょうか？

井上　それはあまりなかったとは思います。ただ鋏の産地ということで、その切れ味をみんなよく知ってましたから、ポケットナイフに付ける鋏だって、ちゃんと切れるものじゃなきゃダメだ、といった要求があったんだと思います。

――なるほど。東京という人口密集地だけに、いわゆる「うるさ型」のお客さんが多かったことも高品質のバックボーンになったのかもしれませんね。

色褪せることのない「郷愁」

――東京ナイフの正統な後継者だった鹿山さんも2020年にお亡くなりになりました。

鹿山さんは、東京ナイフの継承者らしく、技術が本当に高かったですね。中でも多徳ナイフをまとめ上げる能力は群を抜いていました。

藤本さんが1987年に60歳でお亡くなりになってから、鹿山さんがその工場を引き継がれました。狛江にあった工場を訪ねたら、従業員も機械類も、藤本さんが存命中と同じままで、製作を続けていらっしゃったことが印象に残っています。その後、鹿山さんはご自宅のそばに工房を作って、ナイフ作家としても活動されるようになりました。鹿山さんがお亡くなりになってからお訪ねした

鹿山利明の作品は、和のテイストを感じさせる独特の曲線が特徴で、多くのファンを獲得していた。＊写真：長谷川朋之

ら、藤本さんのところの金型やプレス機、ベルトサンダーをそのまま使っていらっしゃいました。研ぎ場にも狛江で使われていた砥石がありました。藤本さんの技術を守り続けてこられたんだな、と感慨深いものがありました。

――現代に「東京ナイフ」を本格的に蘇らせることは可能でしょうか？

井上　現代のカスタムナイフメーカーの技術をもってすれば、可能だと思います。

ただ、価格の問題が難しい。今カスタムで作って採算が取れるかどうか……。昔は数が出ていましたから、その分、カスタムナイフに比べて価格設定が低くできました。あと、かつては水牛の角などでも伸縮しにくい、良質な部位がある程度あったのですが、今は良質な天然素材を集めるだけで、一苦労だと思います。

――アメリカでも、近年クラシックスタイルのフォールディングナイフが再び脚光を浴びています。彼らが作るナイフに比べ、東京ナイフの特徴というのは、どのようなところにあると感じていますか？

井上　アメリカのそういったナイフを見ていて感じるのは、コレクション的要素が高いということですね。

――欧米のナイフ収集は、投資的な目的もあります。

井上　日本人の中にも、投資目的でナイフを所有する方がいらっしゃいますし、東京ナイフもコレクションとして価値を認められつつあるようです。でも、やっぱり基本は「使うためのナイフ」で、戦前の満州国皇帝が持ったようなものは例外です。一番重要なポイントは「切る道具として、使えるか使えないか」。その点において、東京ナイフは、刃を薄く付けて切れ味鋭く、紙に穴は開けられるし、布まで切れる。まさに完全無欠の「実用品」として存在していると思います。

――改めて、東京ナイフの魅力はどこにあると思われますか。

井上　今はもう作れなくなってしまったポケットナイフに対する「郷愁」に尽きると思います。昭和の時代に日本の首都でこういうものが作られ、たくさん売られ、自分の曽祖父や祖父が実際にポケットに入れて持ち歩き使った、という文化や歴史への郷愁ですね。今注目している方たちも、そこに一番惹きつけられているんだと思います。

戦前は日本にも軍隊があったので、こういったナイフを持つ人も多かったと思います。でも、戦後も、その数を減らさなかったということは、恐らく日本人のＤＮＡに「刃物好き」の性質が組み込まれていて、それが受け継がれてきたからだと思います。我々の心の深いところに訴えかけるものがある。そこが色あせない魅力でしょう。

Column

関のポケットナイフ

岐阜県関市は、作刀にはじまる800年に及ぶ歴史を誇る「刃物の街」。現在もそのクオリティの高さで「SEKI, JAPAN」の刃物は世界的に知られている。そんな街でいわゆる西洋の「ナイフ」を制作されるようになったのは、明治時代。廃刀令によって

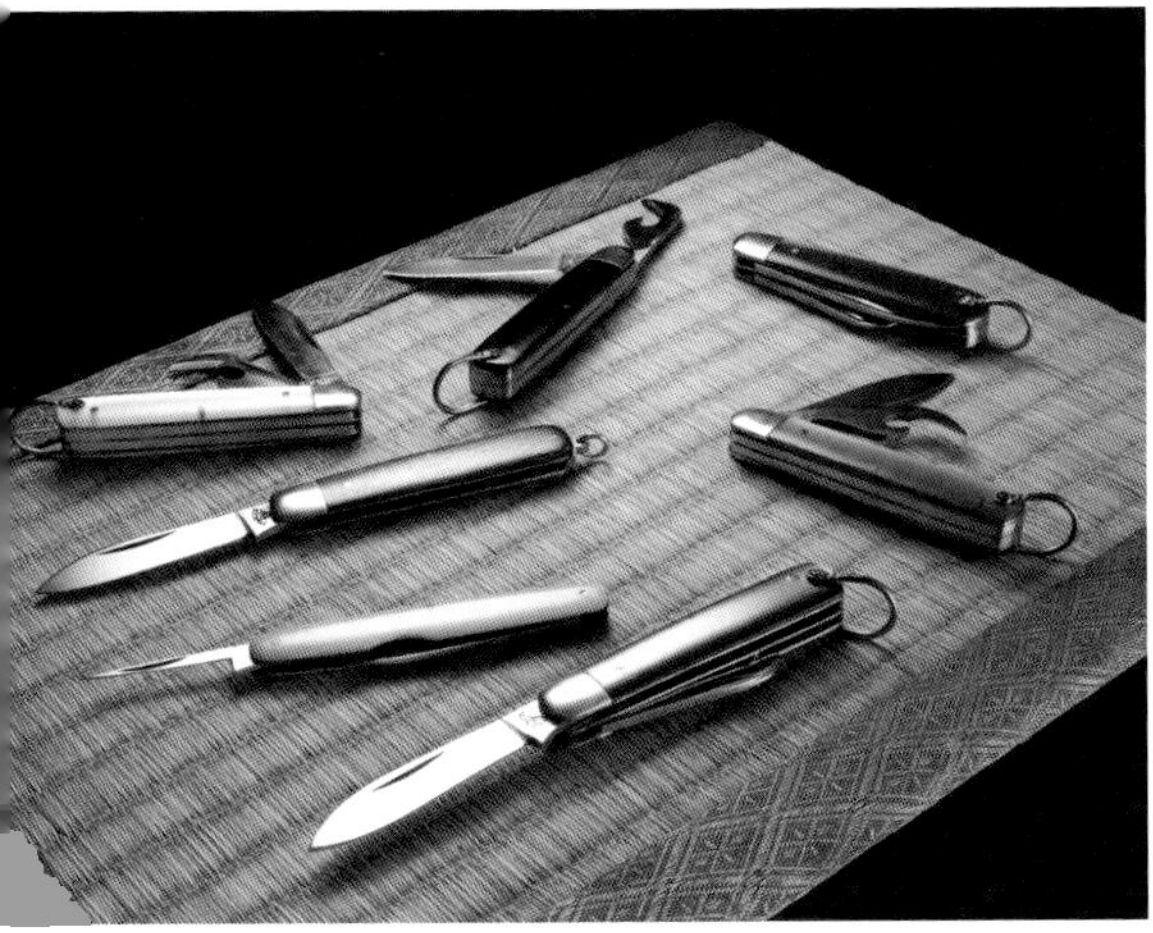

昭和30年代の関製ポケットナイフ(商品協力:しんかい刃物店)＊写真:玉井久義(ホビージャパン)

仕事が激減した刀匠たちが各種刃物を手がけるようになった流れで、ナイフも作り出したとされている。

中でも折りたたみ式のポケットナイフに関しては、明治時代から海外に輸出されるようになったという記録が残されている。関のポケットナイフの始祖に、福地廣右衛門という人物がいる。黒船来航の年、嘉永6（1853）年に生まれた福地は、廃刀令後の関の刃物産業を再興するためのアイテムとして、海外からの需要が多いポケットナイフに目を向けて、仲間たちとナイフ製造を手がけ、大きな成功を収めている。

昭和時代に入ると、510番（ゴヒャクトオバン）と呼ばれる真鍮製のハンドル材と2ブレードが特徴の大ヒット商品が生まれて、関のファクトリーはこぞって製造するようになった。キリを付けたモデル、セルロイド製のハンドル材を付けた「風防ナイフ」なども主に海外向けのスーベニアナイフとして人気を呼んだ。

1977（昭和52）年には、関のファクトリー、

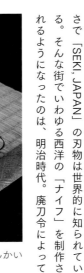

ジー・サカイが、アメリカを代表するナイフメーカーだったガーバー社の「シルバーナイト」の製造を手がけ200万本以上売れるという世界的なロングセラー商品となった。その高品質ぶりから、関という街が再度注目され、世界のナイフメーカーからも製造の依頼が数多く舞い込むようになった。

ファクトリー製品が脚光を浴びる関のナイフだが、近年は、松田菊男が率いるKIKU KNIVESや、原幸治と龍一親子によるKNIFE HOUSE HARAなど、ファクトリーで培ったノウハウを活かして、オリジナルのナイフを作る人たちも数多く出てくるようになった。彼らが手がけるカスタムナイフ、あるいはミッドテック（カスタムの要素を残しつつ大量生産にも対応したセミカスタム製品）は、関の伝統を受け継ぐかのように国内のみならず海外でも高く評価されている。

また、関市で毎年行われる「関刃物まつり」では、カスタムナイフの展示会「関アウトドアズナイフショー」が同時開催され、世界中から熱心なファンを集めている。この本では東京を中心に起こったカスタムナイフのムーブメントを紹介しているが、関をはじめとする各地で積み重ねられてきた技術やノウハウの蓄積が「集合知」となったことが、カスタムナイフの文化が日本において一気に広まっていった一因であることは、記憶しておきたい。

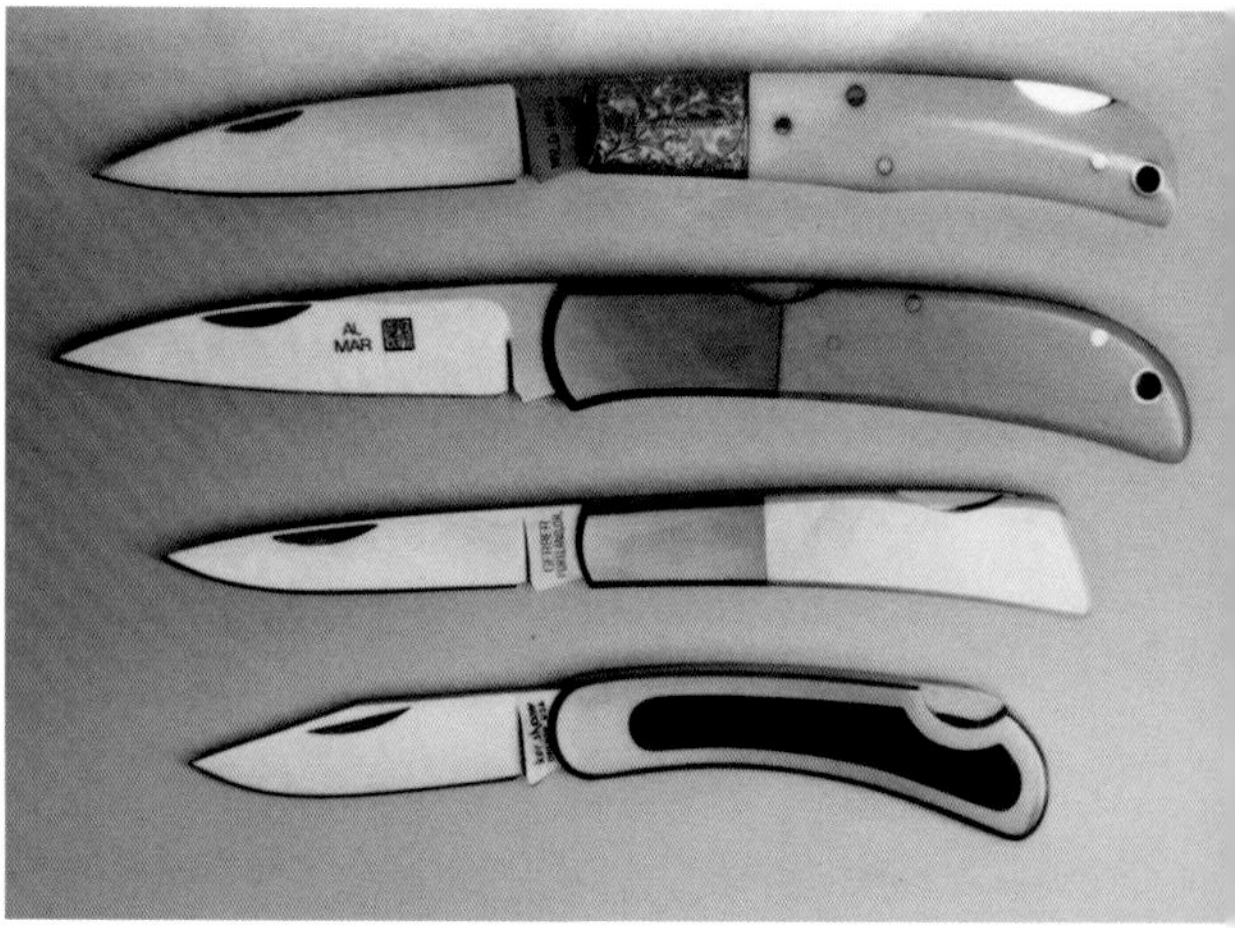

ジー・サカイの製品。下から2本目が伝説のガーバー「シルバーナイト」。（銀座菊秀所蔵品）

参考文献：『傑作ポケットナイフ』（2004年・ワールドフォトプレス）

第四章

日本の鍛造ナイフ、そのパイオニア

和洋のジャンルを超え、融合させた作家の肖像

刀匠、刃物鍛冶、そしてカスタムナイフメーカー、加藤清志。
ジャンルを超えた刃物の作り手として
前人未到の道を歩んできた「ここまで」を語ってもらった。

1980年代の光景。来日したR.W.ラブレスの話に聞き入る日本の作家たち。左端の白いジャケット姿が加藤清志（銀座菊秀所蔵品）

日本にカスタムナイフの文化が根付き出した頃、日本の伝統的な鍛造のブレードをナイフに仕立てた「鍛造ナイフ」をつくり出した作家として真っ先に名前が上がるのが、加藤清志である。刀匠の家に生まれ、包丁を数多く作って来た加藤は、銀座菊秀の井上武からのすすめもあって、ナイフづくりを始めるように。包丁とナイフは同じ刃物でも、用途も製法も大きく異なる。不案内も多いのでは、と感じるが、加藤自身は、「カスタム」には慣れていたこともあり、すんなりと手がけることができたという。

米国のナイフショーにも参加。控え目ながら確かな「和」のテイストが入っているナイフは、海外でも高く評価されている。

和を組み込んだカスタムナイフの第一人者

小学校の頃から仕事は手伝っていました。炭切りはよくやりました。当時はコークス（固形燃料）を使うところが多かったのですが、うちは炭を使っていたんですよ。炭はコークスに比べて、細かな温度管理ができるし、高温になりすぎないので、特に、焼き入れとか鋼付けの時には、使いやすいんですよ。今は、複合材が普及して、自分で鋼つける人が少なくなってしまったのですが、私は、鋼をつけるときは、今も炭を使ってます。

まだ若いうちに仕事場に入りました。小さい時から父親や祖父から「お前はこれ（鍛冶の仕事）やるんだ」って言われていましたから、私自身も家業を継ぐものだと決めていました。

ただ、やりたくないなって気持ちも正直、ありました。

何しろくたびれるし、汚れるし、危険。いわゆる3K仕事ですよ。

当時は、正月の三が日が明けると、年始回りって言って父親がお得意先を回るんです。そこでとってきた注文で、一年の仕事がほぼ決まる。緊張感がありました。幸い包丁の注文が途切れることはなかったので、無事に続けて来られていましたけれど、大変な仕事だな、と子ども心に感じていました。

私が仕事場に入った頃には職人さんがいたんです。最初は、その人が先手（親方の指示に従って鋼や鉄を熱して叩く作業）をやっているのを見ているんです。そのうちに、「じゃあお前代われ」って父親に言われて叩かされる。

最初はどう叩いたらいいかなんて、よくわからない。やりながら、慣れていくしかない。父親は何も言いませんでした。「物(叩く対象)を見て叩け」って言われましたけれど、失敗したからといって、文句も言わない。だからひたすら見て、自分で試してを繰り返して覚えていくしかないんです。

休みも今に比べたら全然少なかった。私がやってる時は、月に2回でした。1日と15日の月2回。それしか休みがないと、せいぜい映画観に行くくらいしかできないんです（笑）。家の真ん前がバス停で。そこから恵比寿駅行きのバスに乗って映画館に行ったことをよく覚えています。家に映画のポスターを貼っていたので、お礼として無料券をもらえたんですよ。

包丁制作で実感した「作る楽しさ」

ナイフを手がけるようになる前は、もっぱら包丁を作っていました。問屋さんからの仕事に加えて、和食の料理人の方々からの直接の注文も結構ありました。どなたも昔からのお客さんで、いわゆる一見さんはいないんです。問屋さんにおろすものは、形が綺麗にそろったものを求められますが、個人注文は1点ごとにまるで違うんです。

例えば、重さだって、重い方がいい人と、軽い方がいいという人がいるんです。重い方がいい人は、包丁は包丁そのものの目方で切っていくんだ、と言う。一方で軽い方がいい人は、仕事で長い時間使っていると、包丁が重たいとくたびれちゃうと言う。刃の厚みだって同じように人によってまるで違う。

だから、使う人によって、形とかすり具合とかみんな変わってきちゃう。全部カスタムなんですよ。そういったオーダーの仕事は大変でしたけれど、やりがいを感じていました。カスタムナイフ作りに熱意を持って取り組めたのは、そういった経験があったからかもしれないですね。

包丁の切れ味がいいとおっしゃってくれる方もいますが、私自身はあんまり意識したことはないかもしれません。

刃物の基本は、よく切れて、欠けにくいこと。欠けないようにするには鋼の温度を下げる。早い話、甘く（硬度を低く）作れば欠けない。でも、それじゃあ長切れ（良い切れ味が長く続くこと）しないわけだから、ある程度の硬度が必要になってくる。そのバランスをどう取るか、なんです。

日本刀も「折れず、曲がらず、よく切れる」ことが良い条件とされています。包丁も同じです。

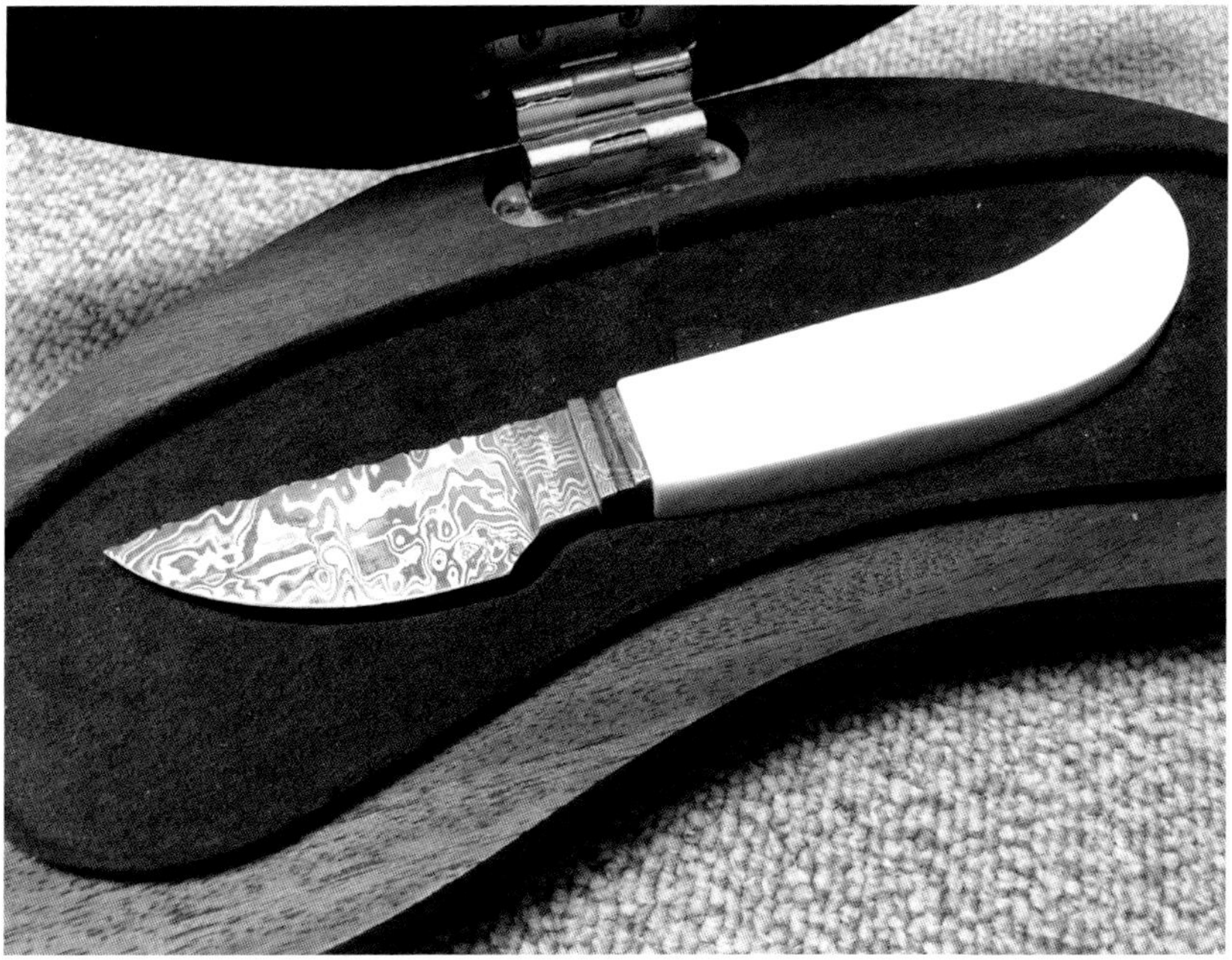

相田義人とのコラボレーション作品。加藤清志は、ダマスカスブレードを制作している。（銀座菊秀所蔵品）

刃物としての基本をしっかり守って作れば自然にお客様も付いてきてくださると思います。

カスタムナイフの世界を知る

カスタムナイフの制作を始めたのは、1970年代後半です。

当時の私は、ナイフのことなんてほとんどわかんなかったんです。そうしたら、銀座菊秀の井上（武）さんに「カスタムナイフを愛好する人たちの集まりがあるんだけど来ませんか」って誘われたんですよ。余談ですが、井上さんとは長いお付き合いですが、ナイフつくりの時には、お世話になりました。柔らかい物腰ですけれど、これはということに関しては、自分の考えを曲げない方です。カスタムナイフを日本に紹介する時は、まさにその芯の強さを感じさせられました。

そんな井上さんに誘われたのはいいんですけれど、行ったところで、包丁関連でお付き合いのあった井上さんと岡安鋼材の岡安（一男）さんくらいしか知らない。相田義人さんだって、その会合で初めて会ったくらいなんですよ。

当初は「手造りナイフの集い」として開催されましたが、その時には、40～50人くらいの規模になっていました。

あの頃は、みんなカスタムナイフを盛り上げようって、燃えていたっていう感じでしたね。だから何やるにしてもみんな手弁当で集まって色々決めていきました。それこそチラシ一枚つくるのだってパソコンなんかもないから、みんな手書きでやって。

そんな愛好家たちの集いがＪＫＧ（ジャパンナイフギルド）になって、日本で一番大きいナイフの会となっていくなんて思ってもいませんでした。好きな人が集まってあれこれ話しているぐらいで、自由な雰囲気だったから、私も顔出してみようって思ったわけですから。

先ほども話しましたけれど、当時の鍛冶屋は製品を問屋さんにおろして、問屋さんが小売店におろしてっていう流通のルートが決まってました。だけどナイフの場合は、展示会を開いてメーカーが直接お客さんに売っているわけです。もちろん、小売店におろすケースもあるんだけれど、直接販売する、お客さんと直接やりとりができる。そこが新鮮でした。

自分の好きなものを作って、それを気に入っていただいたら買っていただく。いわゆる作家としての活動の明快さが気持ちよかったですし、作り甲斐がある、と感じました。

◆

当時、包丁作りの方も転機を迎えていました。いわゆるステンレス鋼を使った錆びない包丁が普及し始めていたのです。

うちの包丁は鍛造で作るので「炭素鋼」を使っています。ステンレスが流行り出した時代は、そういった鋼の包丁、錆びる包丁の需要が減ったんですよ。最初にそれを感じたのは私が20代後半の頃。昭和40年代でしょうか。包丁は全てステンレスになっちゃうんじゃないかって思いました。

でも当時は、私たちから見ると、刃物には適していないかも、という素材も出回っていたように思います。錆びないのはいいけれど、全然切れない（笑）。

ところが、アメリカのカスタムナイフに使われているステンレスは刃物としての性能もよかった。ラブレスが使っていた１５４ＣＭは、私もナイフ用に数年間使いました。しばらくしてから日本の日立金属のＡＴＳ－34が普及するようになって、それを使うようになりました。

包丁に関しては、使ってくれる料理人の意見などを参考に、鍛造を続けることにしましたが、ステンレス製の包丁のクオリティも格段に良くなっていきました。カスタムナイフが刃物全般におけるステンレス鋼のクオリティを高めた面は、間違いなくあると思います。

当時は欧米由来のステンレス鋼の性能の高さに驚いていたのですが、数十年経ったら、海外で日本の鍛冶屋が鍛造で作った和包丁が大人気になる。面白いものですね。

気さくに教えてくれる先人たちの存在

ＪＫＧでナイフショーを開催するようになってから、海外のカスタムナイフメーカーも来日するようになりました。

何人かは、私の鍛冶場にも訪問してきました。ハーマン・シュナイダーさんが来ましたし、（Ｒ．Ｗ．）ラブレスさんも来ましたよ。彼らが来たら、鍛造の実演をお見せしました。皆さん削り出し（鋼材を削って刃物にする製法。通常、鍛冶屋が行う鍛造の工程を行わない）のナイフを作っている方々なので、興味を持っていただきました。

皆、雲の上みたいな人ですよ、私からしてみれば。でもどなたも友達感覚で接してくれるんですね。誰も威張っていない。大物は違うんだな、なんて思いましたね。

新しい文化や考え方を積極的に取り入れることは意識しています。そう考えるように至ったのは、父・真平の教えが影響しているのかもしれません。

修行時代に、他の鍛冶屋の仕事場を見せていただきに行くこともあったのですが、そんなとき父は必ず「その人にしか持っていない技術や工夫が必ずある。それを見てこい」と言いました。上手かそうでないかは関係ないんです。「人の悪いところをあげつらっていても絶対に自分の技術は伸びない。いいところを見つけて、それを自分の仕事に活かせる人が伸びていく」んだと言っていました。

だから、自分が持っていない技術を持っている方とお会いすることは、それだけで私にとって大きな収穫なんですよ。その考えでいけば、彼ら海外から来たカスタムナイフメーカーは学ぶべきと

カスタムナイフと並行して刃物鍛冶や刀匠としての仕事も行う。 ＊写真：織本知之

ころばかりの相手ですよ。そんな彼らが、また気さくに接して持っている技術も伝えてくれる。そこにも感動しました。

日本刀、包丁、ナイフ。どれも真剣に作る

祖父と父は水心子正秀の流れを汲む刀匠です。私も藤原良明という銘で作刀してきました。

日本刀、包丁、ナイフを作っているんですね。ただ、どれも同じように真剣に取り組んでいます。順番なんて決めずに仕事していますから。

世間には、刃物では日本刀が一番みたいなことをおっしゃる方がいる

加藤清志の代表作のひとつ「ダマスカスダガー」が表紙になった雑誌。（ナイフマガジン1996年8月号）

かもしれません。もちろん日本刀は素晴らしい刃物です。でもどこからどこまでもが一番の刃物ってわけじゃない。どの刃物も必要とされる用途があって作られているわけだから、その分野だったらその刃物が一番なわけです。精神的なことに言及するのだったら、刀は武士の、包丁は料理人にとっての「魂」でしょう。使い手の思いに優劣なんてつけられるわけないですよね。

実際、日本刀について私が話すことはあまりないんですよ。よほど刀が好きな方たちの集いなどでは講演的なお話をすることもありますけれど、日本刀のことをどれだけ理解しているかどうかで、まるで伝わり方が違ってくるように思うんです。

逆に言うと、ナイフの場合は、誰でも入ってこられる門戸の広さがあるように思います。だから、手にしてくださる方々からの質問が多いんですよ。その質問に対して答えると、さらに質問がくる、というやりとりが出てきて、作品にも活かすことができたりもするんです。そういったところもカスタムナイフの楽しい面だと思います。

ナイフがブームだった1980年代から2000年頃は、お客様もさまざまな方がいらっしゃいました。細かくデザイン画を描いてくる人がいる一方で、私が作りたいように作ったものが欲しいという人もいる。どちらのケースもやりがいを感じたし、得るものも多かったですよ。

◆

代表的な作品はいくつかあります。今は、法律で規制されたので、海外に送ってしまったのですが、ダマスカス（複数の素材を折り返して複雑な模様を出した鋼材）と、普通の鋼材を互い違いに四面につけたダガーナイフなどは、結構苦労して作りました。

色々な方々とコラボレーションもしてきました。相田義人さんは総合力の高さでひときわ印象に残っていますね。

カスタムナイフの制作って、全ての人が「初代」だと思っているんです。もし先人たちが作ったもの以上のいいものを作ろうと思うのだったら、自分で考えて、自分で切り開いていかなくちゃいけない。人に教わっているだけだったら、いつまでもその人の作品を越えることはできないんです。昔から日本刀の世界でも「初代を超える2代はいない」って言われています。

父の言葉ではないですが、自分が作りたいと思ってカスタムナイフを制作している方々は、きっと他の人たちと違う「特徴」があるんだと思います。それが長所となるように工夫しながら、自ら目指す仕事を精一杯頑張っていただければと思います。

根曲竹をハンドルにあしらった和の雰囲気が強いデスクナイフ。
＊写真：長谷川朋之

Column

アウトドアとカスタムナイフ

赤津孝夫（エイアンドエフ会長）インタビュー

1974（昭和49年）年。日本から最初期にアメリカのナイフショーを訪れて、カスタムナイフメーカーたちとコンタクトをとった人物がいる。その名は赤津孝夫。

エイアンドエフを創業し、日本を代表するアウトドア用品店へと育ててきた人物は「ナイフ一本で、自然のなかでの生き方を学ぶというのが本来のアウトドアの意義」と標榜し、キャリアの最初期からアメリカのカスタムナイフを、ハンターをはじめとする人々に紹介してきた。

R.W.ラブレスとも交流の深かった赤津に「アウトドア」の観点から見た、日本のカスタムナイフのここまでを振り返ってもらった。

バックナイフを知り、ラブレス・ナイフに魅了される

私が最初に興味を持ったアメリカのナイフは「バック」（BUCK：1963年発売の「110フォールディングハンター」のメガヒットで知られるナイフファクトリー）でした。

当時、ダイビングに熱中していたんです。狩猟にも興味があったので、東京銃砲（猟銃などのハンティング用品やダイビング用品を扱っていたお店）に勤めたのですが、お客さんのプロの潜水士さんたちから教えてもらうわけです。

彼らにとって、ナイフはロープや魚網などに絡まった時などの緊急時のトラブル解決のために不可欠なアイテムです。だからよく調べていて、中には海

外に行ってさまざまな情報を仕入れてくる方もいました。

そんな方からあるとき「バックナイフは、よく切れるよ」と教えてもらったんです。ロゴマークは、アンビルの上に置いた太い釘をナイフとハンマーで叩き切っているイラストだとも聞いて「釘まで切れるナイフが、アメリカにはあるのか!!」って驚いちゃったわけです（笑）。

調べてみると、Forever Warranty、生涯保証が付いているんです。要するに、研ぎ減ったり、致し方ない理由で壊れても、ブレードを交換してくれる。そこまで自分たちの製品に誇りと責任を持つところがあるんだ。そう感動して、他のブランドも調べ始めたんです。

東京銃砲は輸入品を数多く扱っていたので、海外の書籍や雑誌といった資料が揃っていました。資料の中から、アメリカのハンティングの本を読んでいて、作家がつくった一点もののナイフ、カスタムナイフの存在を知りました。

ものすごく格好いいわけですよ。T型フォードの時代から大量生産品を作っているイメージの強かったアメリカに、手作りで品質やデザインの細部に至るまで気を配った製品があることも衝撃でした。それくらい何も知らなかったんです（笑）。そこに、一気にそんな魅力的な世界の「情報」が入ってきたわけです。わくわくしましたよ。

当時は、ごくわずかにいる実際に行った人、現地の雑誌や本、あるいは海外取材の記事を載せる一部の日本の雑誌くらいからしか、海外の情報を得られませんでした。そう考えれば、私はかなり恵まれた環境にいました。本当に幸運でした。

◆

本や雑誌で見つけて、気になったカスタムナイフメーカーやブランドには、とにかく手紙を書いて送っていました。今から見たらアナログな方法ですけれど、それしかコンタクトを取る手段がありませんでした。

もっとも魅力を感じた作品はやはりR.W.ラブレスのものでした。いくつかの幸運な巡り合わせがあって、ついに彼に直接会えることになったんです。1974（昭和49）年のことで、場所はアメリカのギルドショー会場でした。

ギルドショーは、アメリカの中央部にあるカンザスシティで開催されていました。当時、ラブレスは、SRジョンソンが制作のパートナーで、カリフォルニア州のローンデールからリバーサイドに工房を移転した前後でした。憧れの人なので緊張していたのですが、ラブレスは大歓迎してくれて、カスタムナイフメーカーたちのパーティーにも招待してくれました。そこでビル・モランなどの作家を紹介してもらい、人脈も知識も一気に広がりました。

　帰国してからは、ますますナイフの販売に力を入れるようになりました。

　実際、お客さんたちの反応も早かったんです。ファクトリーでもカスタムでもお店に並べたら、すぐに売れていく。輸入業者から仕入れたナイフに加えて、自分で開拓したルートで仕入れたナイフも売れるようになっていきました。

　カスタムナイフを購入していくのは、ハンターやダイバーといった方々もいましたが、コレクションとして楽しむ方々が多かった印象です。人気作家の作品は、当時で20万円くらい（筆者注：現在の約50万円）。実用品としては少々高価ですものね。

刃物こそ最も必要不可欠なアウトドアツール

1977（昭和52）年にエイアンドエフを創業しました。アウトドアスポーツ用品の輸入販売を主に行うことにしたのですが、私の中で「軸」となるアイテムはナイフでした。

　そう思うに至ったのは、ラブレスに会いにいく前年に、アメリカをバックパッキングで歩いた経験が大きかったように思います。アウトドアで日々を過ごしていく中で、刃物こそ最も必要不可欠な「道具」だと実感したんです。

　考えてみれば、父親が狩猟と釣りをやっていたこともあって、私自身、小さな頃から刃物には親しんでいました。刃物追放運動もありましたが、鉛筆を削るのも、竹とんぼを作るのも、肥後守《ひごのかみ》という折りたたみナイフを使っていました。刃物一本で、子どもの頃は色々な遊びを考えだしたし、大人になってからは生きていくための営みを工夫してきたわけです。

　遡れば古代に生きた私たちの先祖も、石器ナイフを手にし、創意工夫をしながら厳しい自然を生き抜いてきたわけです。そして、私たちも手を動かして知恵をたくわえ、ナイフを使うことで想像力も育んできた。そう考えたら、ナイフ一本で、自然のなかでの生き方を学ぶというのが本来のアウトドアの意義だと思います。

当時の資料を手にする。今もラブレスやジェス・ホーンの作品のフェアを開催するなど、カスタムナイフの魅力を紹介し続ける。

エイアンドエフでもナイフは人気商品であり続けていました。当時、ナイフには「不良少年の持ち物」というようなイメージがあったんです。でも、お店での人気ぶりを見ていると、そんな暗いイメージは払拭されて、アウトドアの道具として見てもらっている、という手応えがありました。

ナイフのイメージを良いものにしていきたい、という思いもあり、たとえコレクターズアイテムであっても「道具」として使えるものだけを扱うようにしました。今でも、鉛筆が削れない、リンゴの皮を剥けないといったナイフは、日本においては「道具」としての需要はないから扱っていないんです。

◆

ラブレスとは晩年まで交流がありました。

会ってみると、腕のいい職人であると同時に、デザインからビジネスに至るまで、細やかに気を配っている人物でもありました。しかも、いずれもテーマが定まっていて、メソッドも決まっている。その体系化された理論があったからこそ、日本でもナイフメイキングが広まっていったのでしょうね。日本のカスタムナイフメーカーで、彼の影響を受けていない人ってもしかしたら一人もいないかもしれない。

それほど革命的な人物だったのだと思います。

そんなラブレスは「日本には素晴らしい刃物の伝統がある。この技術があれば、素晴らしいナイフがたくさん生み出せる」と言っていました。実際、日本製の包丁を愛用していて、来日時にはその製造元に連れて行ったりもしました。他にも大ファンだったホンダの創業者・本田宗一郎に会いにも行ったそうですよね。

ものづくりへの姿勢こそブランドの「核」

ラブレスの言葉でひときわ印象的だったのは「自分のナイフはコンテンポラリー（現代的）だ」というものです。自分の作品は時代の最先端を行っている。そして、ここにとどまる事なく、ずっと最先端であり続ける。という決意表明なんですよね。

その言葉には、自分が作るものへのプライドや責任感が詰まっていると感じました。そして、代表者の「ものづくりへの姿勢」にこそ、メーカーやブランドの根幹が現れると思うようになりました。

実際、エイアンドエフでは数多くのアウトドアブランドを扱ってきましたが、それらを扱うかどうかを決める際にも、作り手の「姿勢」に共感できるかどうかに重きを置いてきたんですよ。

グレゴリー（バックパックをはじめとするアウトドアギアのブランド、エイアンドエフが１９８５年から取り扱いを始め、ほどなくブームを巻き起こした）を例に挙げると、その創業者、ウェイン・グレゴリーとは、まだガレージで自分でミシンを踏んで１点ずつ作っているような時に会いましたが、その時から「俺は世界一のパックを作るんだ」って言い切っていた。その言葉どおり、細部にまで気を配った丈夫で使いやすいバックパックだった。ラブレスにも通じる心意気とそれを具現化する技術を持っている。これはすごい、と思ったんです。

グレゴリーもラブレス・ナイフも、それまでの一般的な市場価格からするとずいぶん値段も高いものでした。オーバースペックとも言われました。でも、人気が出ました。アウトドアで使う人たちが、これは値段に見合うだけのいいものだ、と評価したんです。

ラブレスは、「日本の人々は、いいものを作る技術だけでなく、いいものをいいと素直に受け入れる感性を持っている」とも言っていました。彼は日本人の長所を、私たちよりも先に理解してくれていたのかもしれません。

赤津が大事にコレクションしているR.W.ラブレスの作品。上は「一番好きなデザイン」と言う「ラムユーティリティ」。下は1970年代にラブレスを日本に招待した時に手渡してくれた一点もの。

◆

日本には実に豊かな自然環境があります。南北に長いから、流氷から珊瑚礁まで変化にも富んでいる。世界的に見ても、ここまでバリエーション豊富なアウトドアを楽しめる環境は貴重でしょうね。

この自然をより楽しむためのツールが生まれる余地も、まだあるのではとも思います。

最近は、アウトドアギアを自分たちで作るという動きも目立つようになってきています。国内メーカーはもとより、それこそガレージで個人で作っているようなところもある。

振り返ってみれば、日本のカスタムナイフ文化も、アメリカのナイフを手にして、作家たちにアドバイスを受けた人たちが、自分たちも作り始めるようになり、さらに世界で評価されていくことで築かれていったものです。今、アウトドアギアの世界で、当時と同じような動きが生まれているわけです。

そう考えると、あの頃の「日本のカスタムナイフ」界隈の人々は、まさに時代を先取りしていたんでしょうね。

第五章

ある刃物屋の肖像

銀座菊秀、昭和から令和の足跡を振り返る

東京・銀座の刃物屋「銀座菊秀」は、老舗の刃物屋。
日本の鍛造技術をもとに作られた包丁や鋏から、欧米のカスタムナイフまで、
刃物と呼ばれるもの全般を扱う店として、使い手はもとより作り手にまで信頼があつい。
この本の監修を務めたオーナーの井上武は、祖父、父と続いた
「菊秀」の名を継ぎ、日本にカスタムナイフ文化を根付く上で重要な役割を担うだけに
とどまらず、刃物屋として、昭和後期から現在に至るまでの刃物の移り変わりを
最前線で見続けきた。ここでは、そんな井上に「ここまで」を振り返ってもらい
「日本の刃物屋」の芳醇な文化の一端をご紹介したい。
前の章でご紹介したことと被る内容もあるが、物語の流れを優先している。
ご承知おきいただきたい。

1927(昭和２)年、銀座二丁目にあった時代の菊秀本店。現在、銀座五丁目にある「銀座菊秀」の前身となるお店。(銀座菊秀所蔵品)

30歳で刃物の世界へ

小さい頃は、店で遊んだりしていました。当時、店舗は（銀座）二丁目にあって、同じ敷地に自宅もありましたから、ごく自然に顔を出していたんです。3歳くらいまでの記憶ですけれど。というのも、それくらいの歳に、自宅だけ鎌倉に引っ越したんですよ。そうなるとあんまり店にも行かなくなりました。そのまま30歳になって店に入るまで、刃物にはほとんど触れることがありませんでした。

店に入るまでは商社で働いていました。化学薬品を扱っていて、日本中のコンビナートを回っていました。メーカーに説明しなければならないので、文系の大学を卒業したはずなのに、一所懸命化学式とか覚えました（笑）。

父親は、私に店を継いで欲しいと思ってはいたようですが、子どもの頃にそう言われたことは一度もありませんでした。就職活動の際に商社に入りたいと話した時も、反対はしませんでしたからね。本気で店を継がせたいんだったら、刃物問屋にでも就職させると思うのですが、そんな話も出なかった。

「商社だったら、いい修業になるだろうな。英語も使えるようになるだろうし」みたいなことは言われたように覚えていますが、だからといってつながりのある商社に口利きをするわけでもなく、自分の力で頑張れと。私もそれが当たり前だと思っていたので、普通に就職試験を受けて商社に入りました。

仕事はやりがいがありました。年数が経って、大きな案件も手掛けられるようになって、面白くなっていましたし。ずっと続けたい、というのが本音でした。

店に入ったのは、父親に「継いでほしい」と、生まれて初めて言われたからです。その少し前に、父親に癌が見つかったんです。それでも仕事を続けていたんですが、あと半年という余命宣告をされたんです。そこで、やはり、店を残したい、という話をされました。継いでくれという親父に、嫌だとは言えませんでした。やっぱり「菊秀」の名前を残さないといけないという思いはありましたからね。菊秀って名前の刃物屋は他にもありますし、うちと関わりのあるお店も全国にある。一応その「大元」になっているところだから、残さないとな、と。

大学生の頃に、一度、菊秀は潰れたんです。二丁目にあった店がなくなりました。でも親父は、私から見た祖父が創業して、日本有数の刃物屋にまで大きくなった「菊秀」はどうしても復活させたいと思っていたんですね。数年後、新たに店を開いたんです。ちょうど歌舞伎座の向かいに、私から見た母方の祖母が持っていた土地があったんですよ。立地の良さもあったんでしょうね、運もあったと思いますが、どうにか店も軌道に乗っているように見受けられました。

その頃の私は、「また刃物屋やるのか、大丈夫かな」なんてちょっと距離を置いて見ていたのですが、苦労もしながら刃物屋を続けてきた姿を見ていたから、父親の気持ちも理解できました。だから、きっぱり商社での仕事は諦めて、店を継ぐことにしました。

鍛冶屋に教わりながら覚えた刃物の基本

店に入ったのは１９７４年、昭和49年のことでした。先ほども言いましたが、当初は、本当に刃物のことは全然知らなかった。

包丁や鋏《はさみ》が主力商品だということは知っていましたが、「東京ナイフ」を扱っていたことなんて、店に入るまで知りませんでしたものね。

店に入って、すぐ父親は入院しました。とにかく仕事を覚えなきゃならないから、毎日、ノートを抱えて入院先の女子医大に通いました。最初は何から教わっていいかも分かりません。とにかく疑問点をノートに書き出して、ひとつずつこれはどうなんだって聞いていくわけです。父親も、答えてくれるんですけれど、実際に店で商品を手にしないとどうにも勝手が違うようで、説明しづらそうでした。といって、病院に包丁を持っていくわけにも行かないですものね。そのうち面倒くさくなってきて、いつの間にかノートは持っていかなくなった（笑）。やっぱり仕事は、現場で体験して覚えていくしかありません。

それでも父親がいてくれるのは、心強かった。それが、半年経って、親父が亡くなってからは、ひとりでやるしかなくなってしまいました。

刃物屋って、お客さん、つまり消費者に直接対面するので、切れる切れない、使える使えないといった話や、質問や疑問がダイレクトにくるんですよね。商社時代も、もちろん取引先から問い合わせがあれば倉庫に行って、何千とあるドラム缶に入った薬品の中からサンプルを取り出して、研究所に送って成分検査をして結果を伝えて、みたいなことはしていましたが、いわゆるＢｔｏＣ

の仕事は、初めてでしたから、戸惑うことも多かった。

でも、お客からの質問にその場で答えて、さらに希望を聞いて最適と思われる商品を理由とともにお勧めすることで、信頼関係が生まれてくる。とにかく、お客さんに迷惑をかけないように、刃

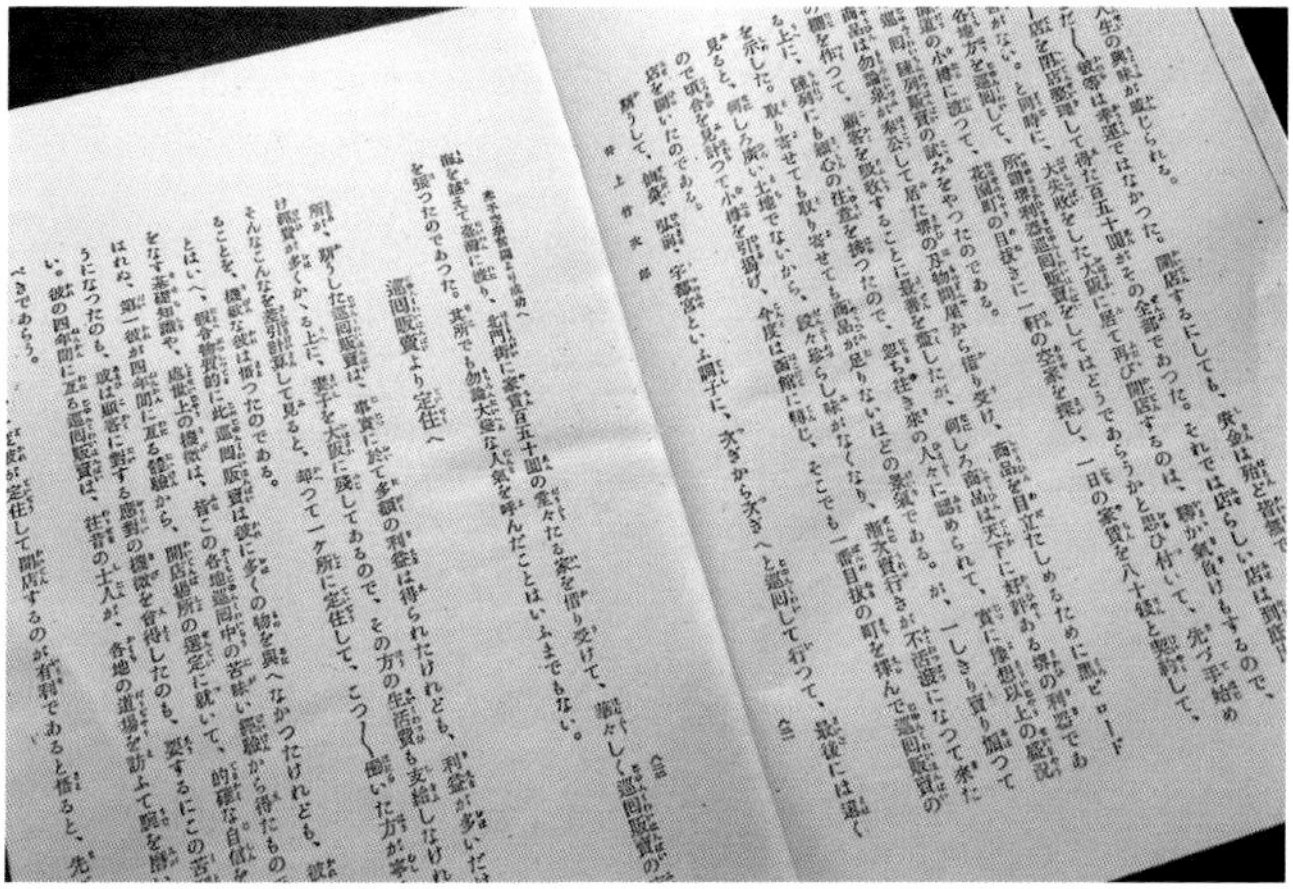

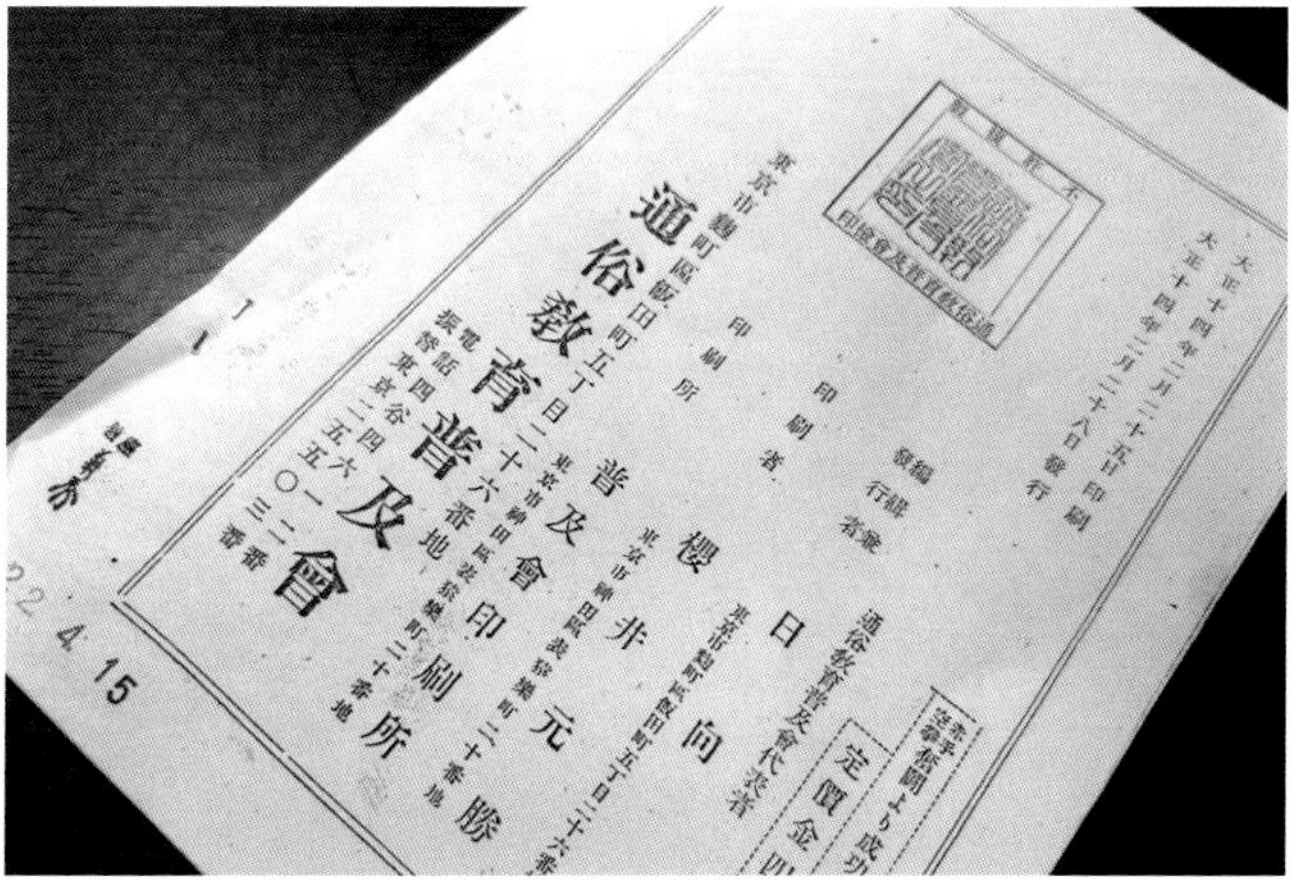

大正14年２月28日発行の『赤手空拳　奮闘より成功へ』のコピー。各界の成功者の足跡を追った書籍らしく、その中の一人として菊秀の創業者にして、井上武の祖父にあたる井上竹次郎の立身出世の物語が紹介されている。『日本一の刃物商　丁稚奉公から身を起こし、全国に十一ヶ所の支店を持つ大商人となった』との見出しから始まり、岡山県の津山の瀬戸物屋の三男から､「菊秀」をおこし国内有数の刃物チェーンを展開するに至る話が綴られる。刃物を目立たせるために黒ビロードをしいた棚に置いたり､新聞などへの広告出稿を行ったりした上､「問屋から商品を仕入れるだけで満足せず、その道の名工を多数雇い入れ(中略)最も優秀なる刃物を直営で製造し始めた」と、東京ナイフをはじめプライベートブランド展開を行うといった、現代でも通用するであろう「企業努力」の数々が描かれる。(銀座菊秀所蔵品)

物に関する最低限のことは答えるようにならなきゃという思いでした。

まず、鋼の材質を調べることから入っていきました。包丁なら、青紙や白紙といった鋼にステンレス。付き合いのある問屋さんとかに聞いたら、鋼については教えてもらえるんだけれど、ステンレスはよくわからないんですよね。確かに成分とか複雑ですからね。これをきちんと種類ごとに特徴を把握したら、お客さんにも説明できるし、納得して包丁を選んでもらえる。そう考えました。でも、専門書を読んでも、こちらが欲しい情報は載っていなくて。結構手間取りましたね。

戦前からの「看板」が助けてくれた

ひとりで勉強するのは限界がありました。だから、結局いろいろな方のお世話になりました。その多くは「菊秀」で付き合いのあった人でした。そういった意味で、菊秀の看板はとても大きかったんです。

あの頃、一番、頼りにしていたのは、加藤清志さんでした。刀匠の名門で、包丁も作っていた家に生まれて、その仕事を継いでいた。同世代で、ほぼ同じ時期に父親を亡くしていたこともあって、どこか思いが通じるところがありました。

もともとはお互いの祖父同士が戦前からつながりがあったんです。私の祖父が注文して、加藤さんのお祖父さんが作って。戦後になってからも、その菜切り包丁はよく切れることで評判で、父も

「作ってくれたら、全部買う」と言っていたらしくて、清志さんは、当時住んでいた目黒の碑文谷から銀座まで自転車に包丁を載せて届けたって言っていました。

私が店に入った頃も、加藤さんの包丁は切れる、と周りからも一目置かれていました。使っていたのは白紙。ほぼ純粋な炭素鋼で、熱処理などの加工は難しいけれど、きちんと作れば、素晴らしい切れ味が出る鋼です。

加藤さんは、名門を継いだ名工なわけです。でも、素人同然の私にも親切に接してくれました。それに甘えて、時間ができると碑文谷に行って、仕事場で刃物を作るところを見せてもらったり、研ぎを教えてもらったりしましたね。研ぎ方だけでなくて「刀を研ぐためには蒲鉾型の砥石を使うけれど、包丁は平らな砥石の方がいい」とかいった話も教えてもらいました。

加藤さんも刃物を科学的な面からも分析したい、という思いを持っていました。お祖父さんやお父さんが作った包丁が、良く切れるのはなぜか、どうやったらより良い刃物にできるか。これからの時代に、その切れ味を本気で追求するなら、科学の力が必要だと感じていたんだと思います。だから、いろいろ一緒に調べることができたのかもしれません。

告白すると、私、鍛冶屋さんの仕事場って、加藤さんのところ以外、ほとんど見ていないんですよ。でも、それで困ったことはない。必要なものは全部見せてもらったわけです。いい人に教えてもらいました。

うちのもうひとつの主力商品だった鋏のことも鍛冶屋さんたちに助けてもらいながら覚えていきました。

裁ち鋏は、東京を中心にした首都圏で作られている「東鋏《とうばさみ》」と言われるブランドが名品なんです。

その作り手の鍛冶屋さんを何軒か訪ねて話を聞きました。和弘さんのところは、アシ（持ち手の部分）も総火造りでやっていたから、その仕事を見せてもらったりもしましたね。「まあ、見ていきなよ」なんて言って、ささっとアシを作っていく。すごいな、と素直に思いました。

腕利きの鍛冶屋さんのところを回って、いわゆる手仕事の基本を学んだわけです。

これはすごいぞ、と感じました。だって、加藤さんが作ったものは、素人同然だった私が見ても、素晴らしい出来だと感じるわけです。その作り手の話を聞いて、仕事を見て、さらに包丁を繰り返し見て触る。そうすると、だんだん、「一番いい包丁」とはどこが優れているのかが、だんだん分かってくる。いいものをたくさん見て「基準」ができれば、他の包丁を見た時も、それを適切に評価できるようになるんです。面白くないわけがない。刃物の世界に一気にのめり込むようになりました。

一例ですけれど、加藤さんの包丁は刃付けまできちんとしてから納品されるんです。一方で、機械を使う量産品は、きちんと刃付けされていないものが多いんです。これはお客の手に渡るまでに刃が欠けてしまうのを防ぐ意味合いがあるんです。だから、こちらで仕上げの研ぎをしてから店に並べる。どちらが良い悪いという話ではないんです。ただ、「一番いいもの」を知っていれば、程度のいい普及品に対して、こちらが補うべきところも的確に見えてくる。専門店ならどこでもやっていることを、私は一つひとつ身をもって覚えていきました。

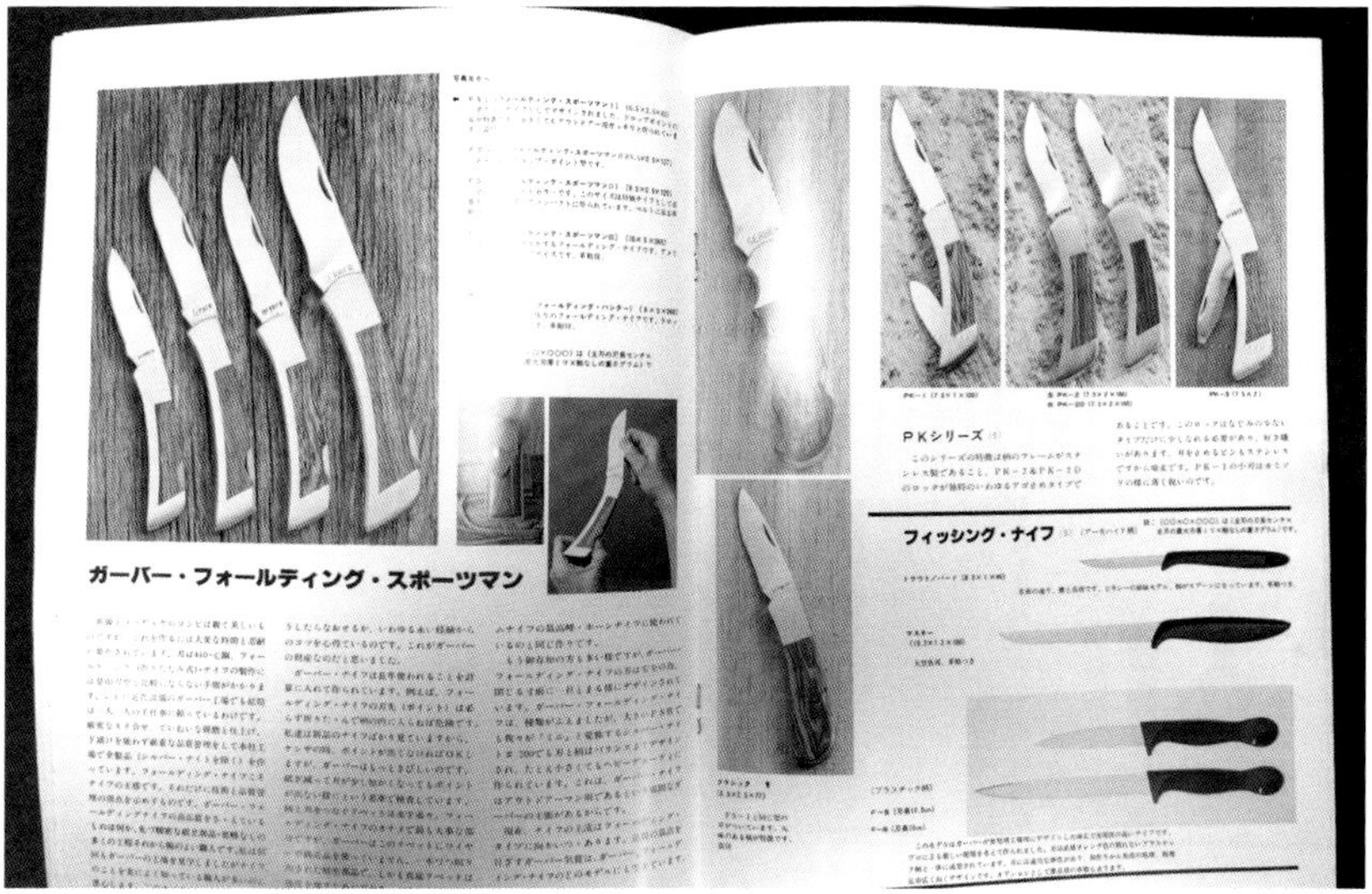

井上が大事に保管しているファスナーズ・インターナショナル・リミテッドのカタログ。アメリカンナイフとの邂逅だった。（銀座菊秀所蔵品）

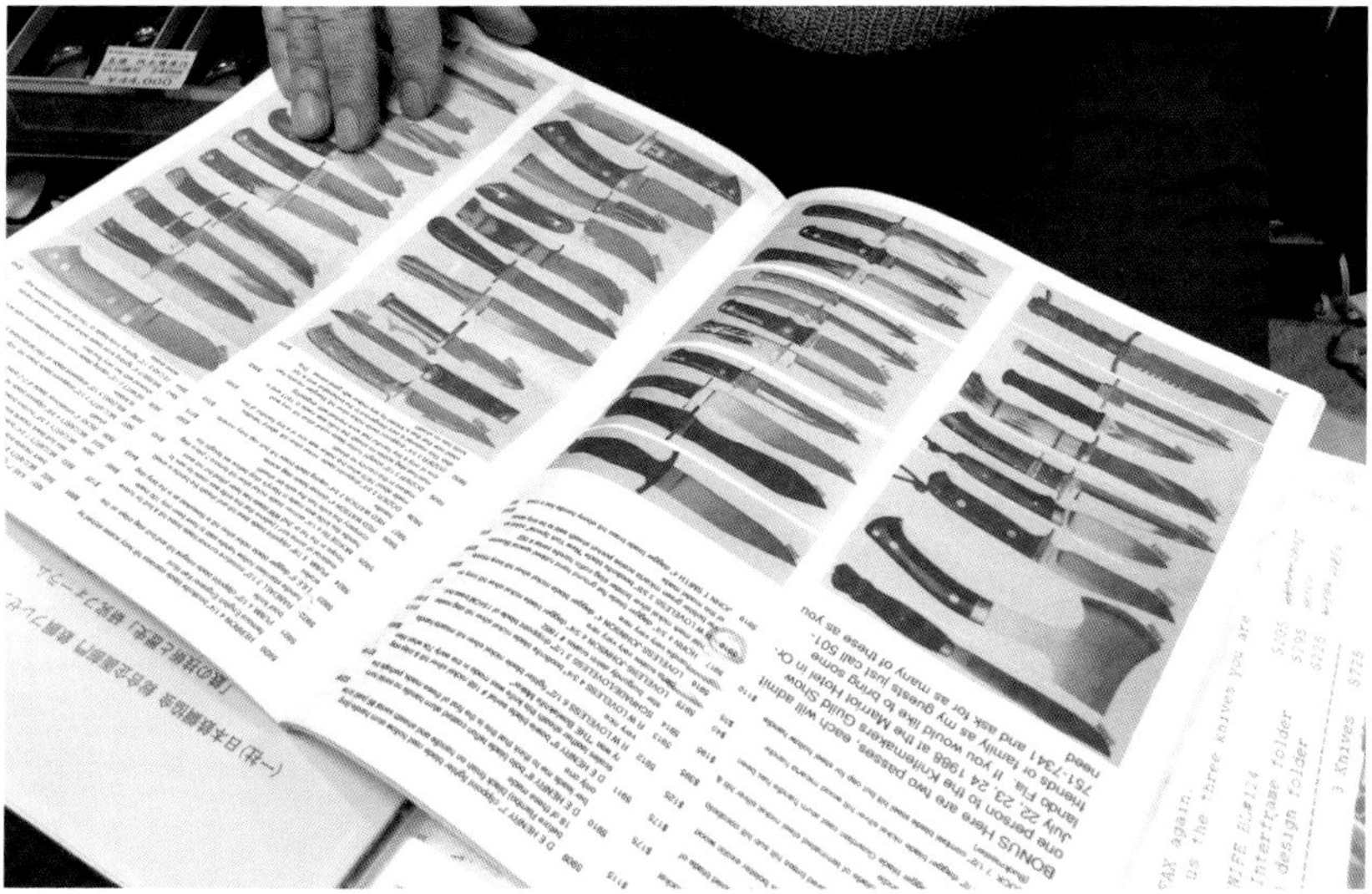

A.G.ラッセルのカタログ。購入希望の商品にはマーカーで印が入っている。（銀座菊秀所蔵品）

アメリカンナイフとの出会い

ナイフを本格的に扱うようになったのは、店に入って数年後だったかな。父が亡くなってから必死に刃物のことを勉強して、お客さんにも、どうにか商品の説明ができるようになってからです。当時、一般的に売られているナイフって「登山ナイフ」と呼ばれている日本の関製のナイフ、あとはビクトリノックスやウェンガーのアーミーナイフくらいでした。高級品とされていたのは、ドイツのゾーリンゲンのナイフ。ピューマとかが3万円くらいで売られていました。そんな時にお客さんに聞かれたんですよ。

「アメリカのナイフないの?」って。

「え、アメリカにナイフあるんですか?」って答えました。

私、存在すら知りませんでした(笑)。アメリカって合理的な国の代表みたいなイメージがあって、ナイフのような手仕事の製品は作らないだろう、ドイツあたりから輸入しているんだろう、くらいに考えていたんですよ。

そうしたら一緒に働いていた弟が「こんなのを見つけた」ってカタログを持ってきたんです。ファスナーズ・インターナショナル・リミテッドという会社のカタログでアメリカのナイフが紹介されていました。ファスナーズ・インターナショナル・リミテッドは、ナイフが好きな人なら誰もが知っている会社です。代表の和田榮さん(故人)は、アメリカのナイフに注目して、いち早く輸入していた人です。当時、そんなことは知りもせずカタログをめくっていきました。

本当に驚きました。今までに見たことがないスマートさがありました。ガーバーとバックだったんですけれど、斬新で革新的なデザインでした。

「これがアメリカのナイフか。ものすごくいいじゃないか。絶対に売りたい!」と直感したんです。もしかしたら刃物屋をとことんまで本気でやろうと思った瞬間かもしれません。

当時、アメリカのナイフを扱っていたのは、ごく限られたハンティング関係のお店だけでした。弟がカタログを見つけてきたのも、東京銃砲というハンティングライフルを主に扱っているお店でしたが、東京の他の銃砲店を見て回っても置いていませんでした。ピューマとかのドイツのハンティングナイフはあるんですけれどね。

刃物屋は私の知る限りは扱っているところはありませんでした。

すぐにファスナーズさんに連絡をして、取り寄せました。ガーバーの「フォールディング・スポーツマン」を中心に何種類か。ただ、包丁や鋏を置いてある店にいきなり並べたところで、客層が違うから、誰からも買ってもらえない。まず、うちにアメリカンナイフがあることを知ってもらわなければ、ということで、宣伝効果のありそうなハンティング関係の雑誌に広告を載せました。

とにかく新しい客層を引き込みたいという思いで必死でした。特に、若い人、男性。

今でこそ、男性も料理を気軽に楽しむようになっていますけれど、当時は料理人以外で包丁を持つ男性はほとんどいませんでした。だからうちのような刃物屋は、客層はご年配、女性が中心だったんです。従来のお客さんを大事にするのは当然ですけれど、やはり刃物店を続けていくことを考えれば、客層を広げておきたかったんです。

今言ったように、当時、男性が日常で刃物を使う場面はほとんどなかった。彼らを引き込むには、コレクター心に訴えかけるようなものじゃないと、という思いはもとから持っていました。コレクターズアイテムは、実用品に比べて単価も高く設定できるというメリットもありますからね。ただ当時は「刃物追放運動」の余波が大きくて、刃物は見せびらかすものではないという風潮が強かった。

アメリカのナイフは、そんな世の中の常識や、いち刃物屋の杞憂を一気に吹き飛ばすような斬新さがありました。これだったら持っていても、変な目で見られない。むしろ、大人が見せびらかせるような格好良さがある。同業者たちからは「本当に売れるのか」と心配されましたが、そう確信したんです。

ありがたいことに予感は当たりました。

たちまち売り上げ的にうちの「主力商品」のひとつになっていきました。バックやガーバーは、ドイツ系の高級ハンティングナイフに比べると、値段が半分くらいだったところも良かった。だから、比較的手軽に購入してもらえたんです。

1970年代から80年代前半は、アメカジが若者の間で流行になっていたことも追い風になりました。雑誌が面白がってアメリカンナイフの特集をして、それを読んだ人たちが店に来てくれる、というサイクルがしばらく続きました。ただ、私自身は、アメリカ文化のことが、特別好きというわけではありませんでした。銀座で店を構えていると、そういった新しい文化に対して、ちょっと斜に構える（笑）。ちょっと気恥ずかしいんです。アメリカかぶれみたいになるのは。とにかく、少し距離をおいて見ていました。

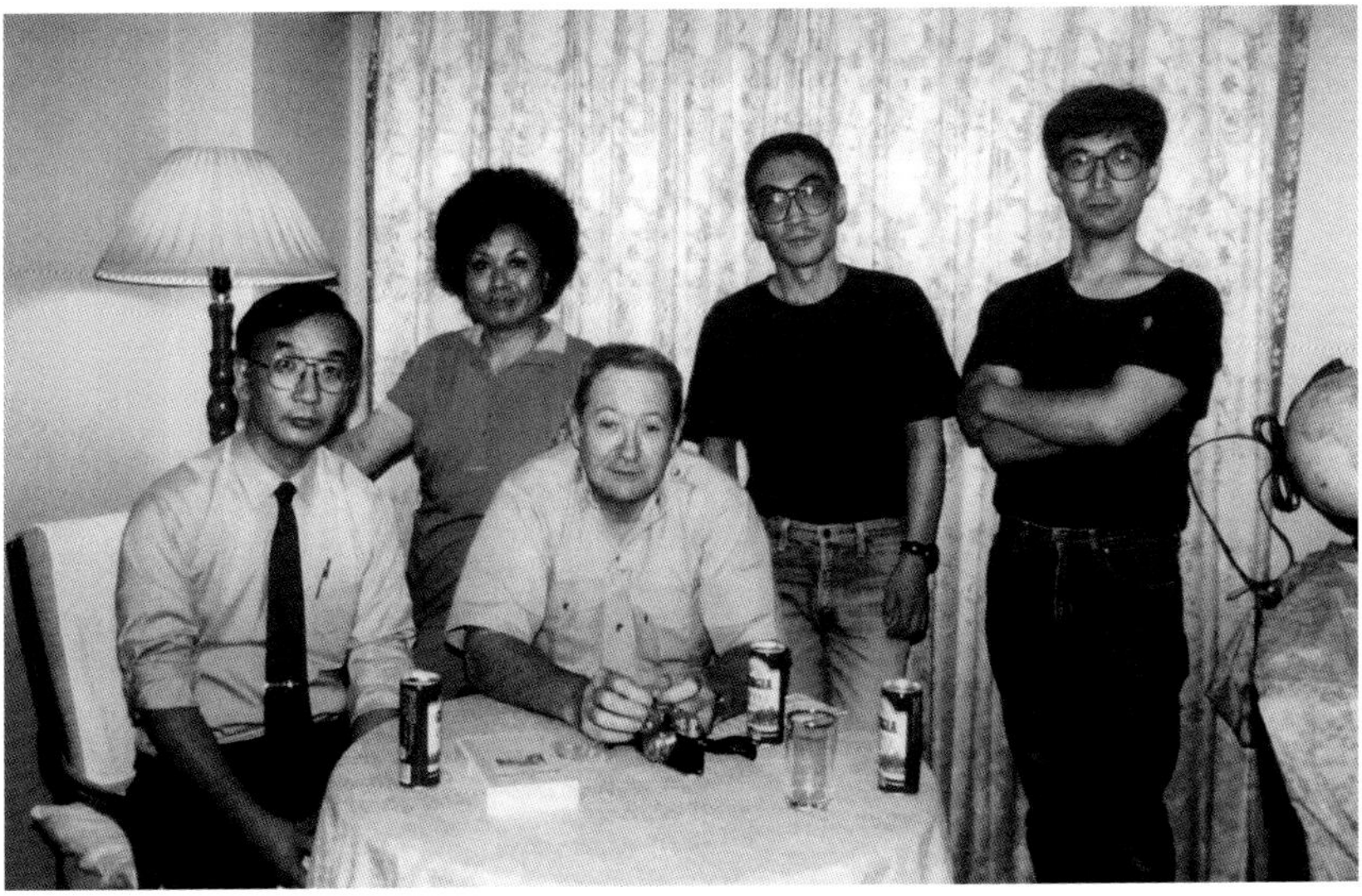

井上の自宅でのカット。R.W.ラブレスと妻、浦部雅博とその兄。ラブレスのナイフ哲学について２日にわたりインタビューしたという。（銀座菊秀所蔵品）

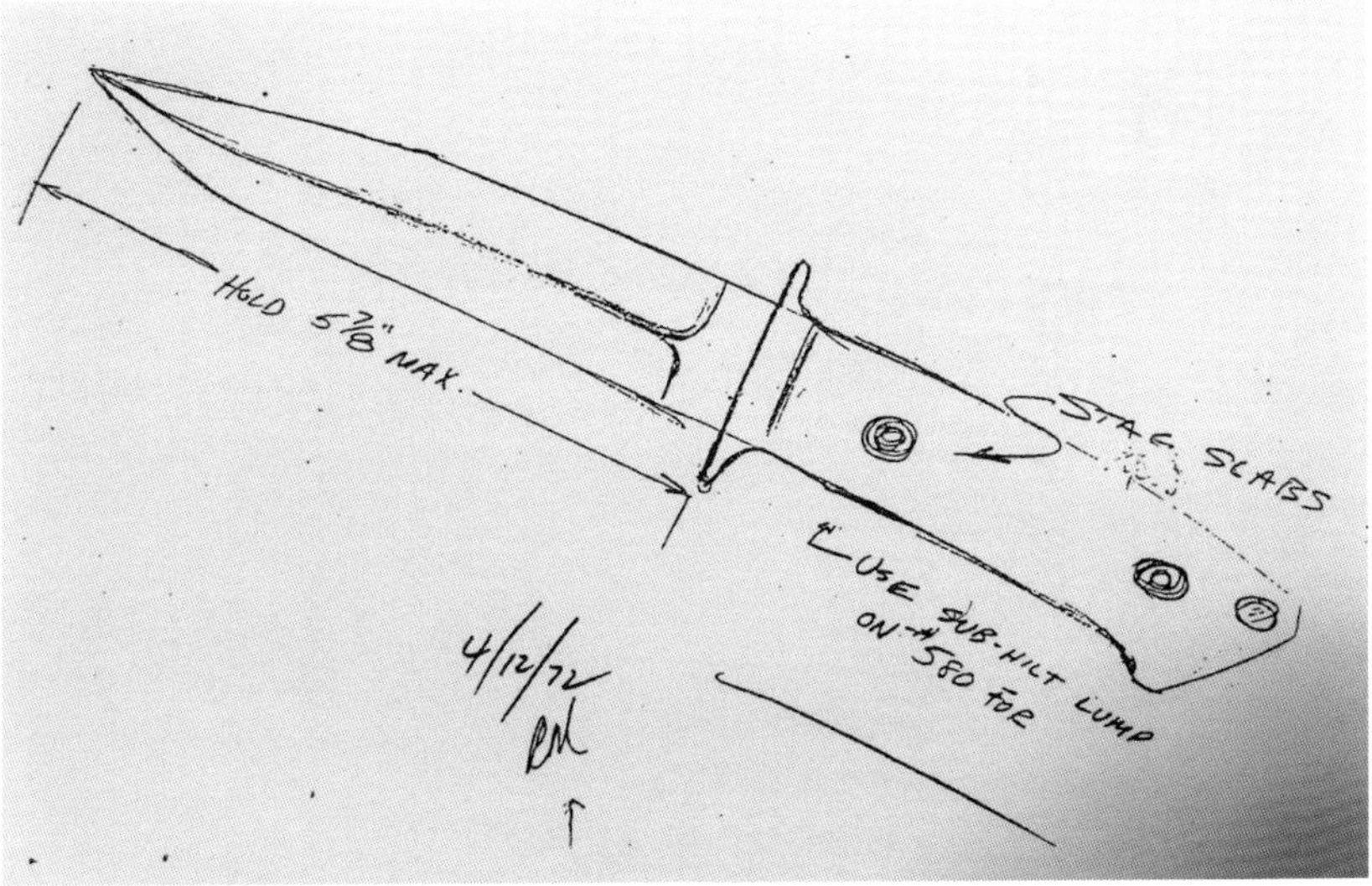

ラブレスからもらったデザインのラフ画。着想を得ると、その場でコースターの裏にも描いていたという。（銀座菊秀所蔵品）

“別格”のR.W.ラブレス

アメリカのファクトリーナイフがひと通り行き渡ると、さらにハイエンドモデルを求められるようになりました。そこでランドール、そしてR.W.ラブレスのナイフを扱うようになりました。

ラブレス・ナイフは、ひと目で格好いいと思いました。バックやガーバーも素晴らしいけれど、その上をいく格好よさ。当然、値段もゼロがひとつ、ふたつ違うんだけど、とにかく欲しくなる魅力がありました（笑）。うん、ラブレスは別格でした。

当時の、A.G.ラッセル（米国の大手刃物卸売業者）の在庫カタログが残っているんですけれど「ニューヨークスペシャル」（ラブレスの作品の中でも希少性の高い人気モデル）は、卸値でおよそ100万円。お店に出す値段はそれよりも高くなるんですが、入荷したらすぐに売れました。

カスタムナイフには、夢中になりました。1979（昭和54）年に私も含めて何人かで米国のギルドショーに参加して、翌年にJKG（ジャパンナイフギルド）を創設することになるのですが、それだけ早く進めることができたのは、巷のナイフ熱が一気に盛り上がったことと同時に、ラブレスの協力によるところがとても大きかったですね。

ラブレスは奥さんが日本人でしてね。それもあって、会話もしやすかったし、ラブレス本人も戦後の一時期、駐留していた経験もあって日本贔屓みたいなところがありました。あと、彼は自分のデザインに関して、ファクトリーモデルの場合はライセンス料を取っていたのですが、個人の作家だったら自由に使ってもいい、としていたことが、日本のナイフ作家たちの技術向上に貢献した面もあると思います。ライセンスフリーにすることで、結果的にナイフ業界が活性化し、自分にとってもプラスになるところが大きいと判断してのことだったの思いますが、確かに彼の考えた通りになりましたね。

ラブレスのナイフも扱うようになってから「自分もナイフを作りたい」という人たちが店にくるようになりました。アメリカのギルドショーに初参加した時は、売るナイフがなくて切り出しを持っていったのに、本当にナイフの人気が浸透するのは早かった。

彼らは、ナイフ用の鋼材が欲しい。岡安鋼材さんが、個人にも販売していたので、そちらを紹介していました。知っていると思いますけれど、岡安（一男）さんは、ギルドショーにもご一緒し、後にナイフ用の鋼材としてＡＴＳ－34をプロデュースした大立者です。

ブームが巻き起こる

ともあれ、注文がひっきりなしにくるんです。自分のところでも鋼材を手に入れないと間に合わない。そう考えているところに、ちょうど、日立金属を扱っている問屋さんと知り合いました。話しているうちに「ナイフ用の鋼材、お宅でもやりませんか」という話になって。さらに「カットするのを任せてもらえるなら鋼材を保管します」というところとも知り合いました。人がどんどん繋がっていく。この流れに乗ろうと思って、ＡＴＳ－34や４４０Ｃ、Ｄ２とか銀紙といった当時ナイフに使われていた鋼材をまとめて仕入れることにしました。結構な量でしたので、あの時は銀行か

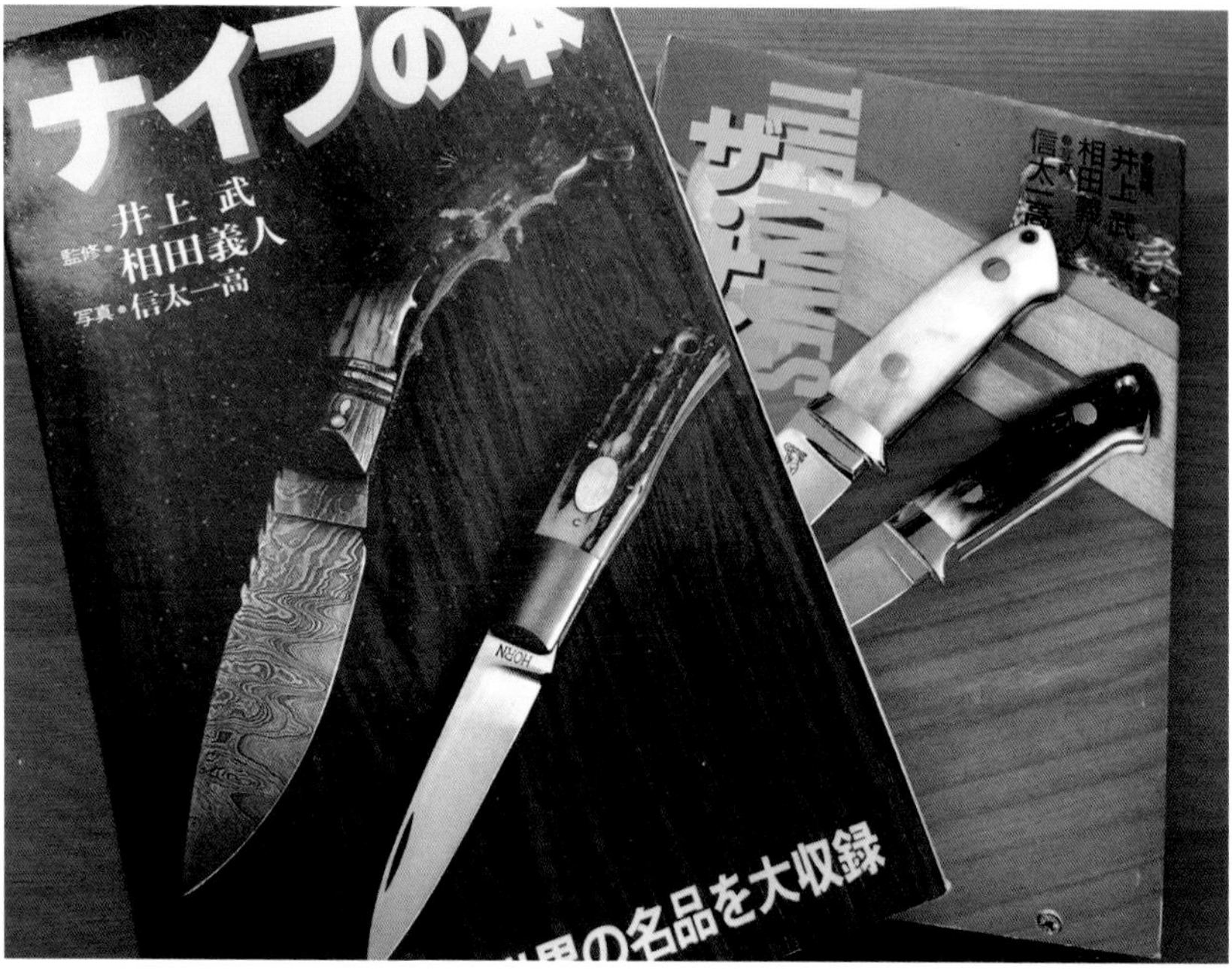

相田義人と共同で監修した『ナイフの本』（1983年・双葉社）などの書籍も数多く手掛けた。（銀座菊秀所蔵品）

らお金借りました。

刃物屋が鋼材を売るのだから、個人向けに特化しようと考えました。ナイフメーカーが1本ずつ購入できるように短冊型にして、表面を削ってバリも取ったものを1点ずつポリ袋に入れて、見た目もきれいにしました。手間がかかるので、値段は結構割高になりますが、手軽さを優先した形です。長い棒のままの鋼材と比べて、手作業でも加工がしやすいから、趣味でナイフメイキングを楽しむ人にも使いやすいだろうと。

思っていた以上に、人気を呼びました。鋼材ごとにサイズ違いを揃えたところが良かったみたいです。全国からお客さんが来るようになりました。

そうなると今度は、熱処理をしたいという話が持ち込まれるようになりました。ご存じのように、鋼材は購入した時点で

井上は岡安一男らとともに積極的に海外のナイフショーに参加していた。(銀座菊秀所蔵品)

はまだ柔らかい。だから、削って形を整えてから、焼き入れと焼き戻しという熱処理を施すことで、刃物に適した硬さと粘りを出す。この工程を鍛冶屋は自分たちでやりますが、ナイフ用のステンレス鋼材は、個人で熱処理することは難しくて、専門の業者にお願いするのです。

今度は、その熱処理業者探しです(笑)。何軒かお願いしましたが、刃物って薄いから熱処理も難しくて、反りが出たりするんです。そのうち、関市の刃物業者さんから「信頼している」という東京の熱処理業者を紹介してもらいました。多い時期で1日10件くらいコンスタントにそこに出していましたね。

何もわからないところから始めたし、カスタムナイフだけでなく、メイキング用の材料や熱処理までワンストップで引き受ける「刃物屋」は、他になかったように思います。それがどうにか軌道に乗ったのも、とにかく皆さんに助けてもらったから、という思いが強いですね。

ナイフメイキングの世界を拓く

少し時間は戻りますが、自作ナイフを持ち込む人が出てきた頃から、うちでも日本の作家ものを扱うようになりました。当時の雑誌広告には、藤本保広（故人）、石塚正貴、相田義人、加藤清志の作品を載せています。

藤本さんと日本のカスタムナイフを作ろうと挑戦していたことはもう、お話ししたかもしれません。加藤さんもナイフを手がけてくれました。石塚さんや相田さんは最初期から活動しているナイフ作家です。いずれも日本トップクラスのカスタムナイフメーカーたちですね。

その後、相田さんたちとは、大手量販店で実演販売もしました。大きな機械を店内に持ち込んで、ナイフ作家たちがナイフを削るところを実演するんですよ。結構やりましたね。地方都市からも声がかかって行ったことありました。勢いがある時は、向こうからアプローチしてくるんですよ。JKGの会員もどんどん増えていきましたしね。本当に面白い時代でした。

実は、私もナイフを1本だけ作ったことあるんですよ。メイキングの素材を本格的に扱うようになった頃に、「何も知らないで売るわけにもいかないな」と思って。まあ「あそこは作ったこともないのに」なんて陰口を叩かれるも嫌だな、という思いもありました（笑）。機械を使って、インテグラルナイフでしたね。それ1本だけでしたけれど。あれ、どこいっちゃったかな。

◆

さっきも話しましたが、刃物追放運動の影響もあって、日本では刃物って危険なイメージが強かった。それが、ナイフを趣味だと言えるような空気ができてきた。刃物を愛でる文化が日本に再び根付くようになった、その一端を担ったという思いはあります。

カスタムナイフを数多く扱いました。売れないモデルもありました。海外の作家でも、結局人気があるのは、ラブレスなどほんの一部だけ。デザインや作りがいいなと感じて仕入れたものでも、名前が知られていない作家のものは、ほとんど売れませんでした。今から思えば、当時はまだナイフ文化が成熟していなかったんでしょうね。ナイフそのものの実力よりも、「ブランド」で判断されている印象でした。

2000年代の中盤から、あまり新しいナイフを仕入れることは少なくなってきたように思います。タクティカルナイフをはじめとする新しいジャンルに関して、否定的な感情はありませんでした。うちは今まで積み重ねてきた「いいもの」だけでやっていこうと考えていたんです。

またラブレスの話になっちゃうんですけれど、ナイフに関しては、彼との出会いがやはり大きかったですね。デザインとは何かを教えてもらった気がします。

ナイフって鋼材を削ればいいのだから、正直に言うと、知識が幾分かあれば大体のデザインはできるんです。だからこそ見栄えの良さへと走りがちですが、それ以上に、手にした時の心地よさ、道具としての使いやすさが追求されていなければならない。そんな大前提をラブレスは本能的な部分でわかっていたように思います。

彼は、本当によくナイフの絵を描いていました。気まぐれみたいに描いては直し、描いては直して。あのスケッチ取っておけば良かった、と思いますよ（笑）。多分、製品として実現していないものも多かったんじゃないかと思いますが、ラフに描いているように見えて、本当に丁寧なんですよ。彼が入れる1本のラインで全体のデザインが劇的に変わる。髪の毛1本くらいのほんのわずかな違いなんですけれど。そんな奇跡みたいな場面を何度も見てきました。

古川四郎さんや相田義人さんといった、彼の仕事を直接見た作家たちは、ラブレスのデザインの核のようなものを理解しているように感じます。

先ほどの話にも関連するのですが、カスタムナイフを扱う上で心がけていることがあるんです。ひとりの作家の作品を扱うに至るまでに、数を見て、できれば直接会って、話をして、仕事を見せてもらう。それらを繰り返してから、判断するようにしているんです。だって、パッと見て、ちょっと触っただけで、分かったようなことをお客さんに言えないですもの。

道具ってなんでも自分で持ってみることで初めて分かることが多いんです。

毛抜きだってそう。うちで扱っている毛抜きは1万円以上します。高いけれど、うぶ毛がすっと抜ける。何百円のものと使い比べたらすぐに分かります。ああ、違うんだなって。

その違いを知って、私たち刃物屋は「これは」というものを仕入れる。だからとにかく触りますね。そこでいいか悪いかを分けていく。その感覚が身につくまでは、とにかく数をこなすしかない。

いずれにしても、ちゃんと「手をかけて」作っているものが好きですね。鍛造刃物に比べて、ナ

現在の銀座菊秀は、顧客中心のビジネスにシフト。マンションの一室に店を構える。
＊写真：小林拓

イフはきれいに仕上げるから、絵でいう「筆致」のようなものが見えづらくなりがちですが、それでもいいものは、作り手の意図が見えてくるものですよ。

昭和から令和を見てきた刃物屋

アウトドアがここのところ人気で、よく海外製の廉価なナイフはないかって聞かれます。ナイフ好きなら誰もが知っているブランドだけど、うちでは扱っていない。だから、すみません、ないんですよっていうしかないんです。

そのブランドだってきっと魅力のあるナイフなんだと思います。ただ、さっきから言っているように、自分の手と目でしっかりと確かめて「いい」と自信を持って言えるものだけ扱ってきた。今、人気だからって、そのやり方を変えられないんですよね。新しいブランドは、刃物屋に限らず、いい悪いを見極める目を持った若い人たちが、売っていってもらえたら、と思っています。

いいものを置いておけば間違いない。その考えは店に入った時から変わっていません。

お店の一番の主力商品は、昔から変わらず「包丁」です。いわゆる家庭用が多いですね。プロはすぐそこの築地に行ったんですよ。鋏も他に類を見ないくらい、いいものを数多く揃えているという自負がありますが、買い求めに来るお客も減りました。でも、いらっしゃったら、裁ち鋏だったら、布を切ってもらって、切り心地を確かめてもらうようにしています。やっぱり「これくださ い」「わかりました」で包装して渡すだけの商売はしたくないんですよね。

特に、父親が開いた店から今のところに引っ込んでからは（現在はマンションの一室に店を構える）、わざわざ来てくださる人がほとんど。だったら、メンテナンスも含めて、刃物を心地よく使っていく基本を伝えたいな、と思っているんです。海外から包丁を買い求めにくる人もいますが、研ぎが不可欠だから、一度私が実演して、研ぎ方をレクチャーするんです。こうすると長く快適に使えますよって。砥石も一緒に買っていく人も多いですね。

あとは、和剃刀をこれだけ揃えているお店、ないんじゃないかな。作っている鍛冶屋も、今の人がいなくなったら、もういませんもんね。レザー（洋剃刀）だって、私の知る限りドイツのメーカーが一軒作っているだけですよ。

和剃刀、使うのは、相当気を使いますよ。最初はなかなか慣れない。剃刀負けみたいな感じにもなるんですけれど、ひと月くらい経つと、スムーズな「あたり」が出てくるんです。そうなると、

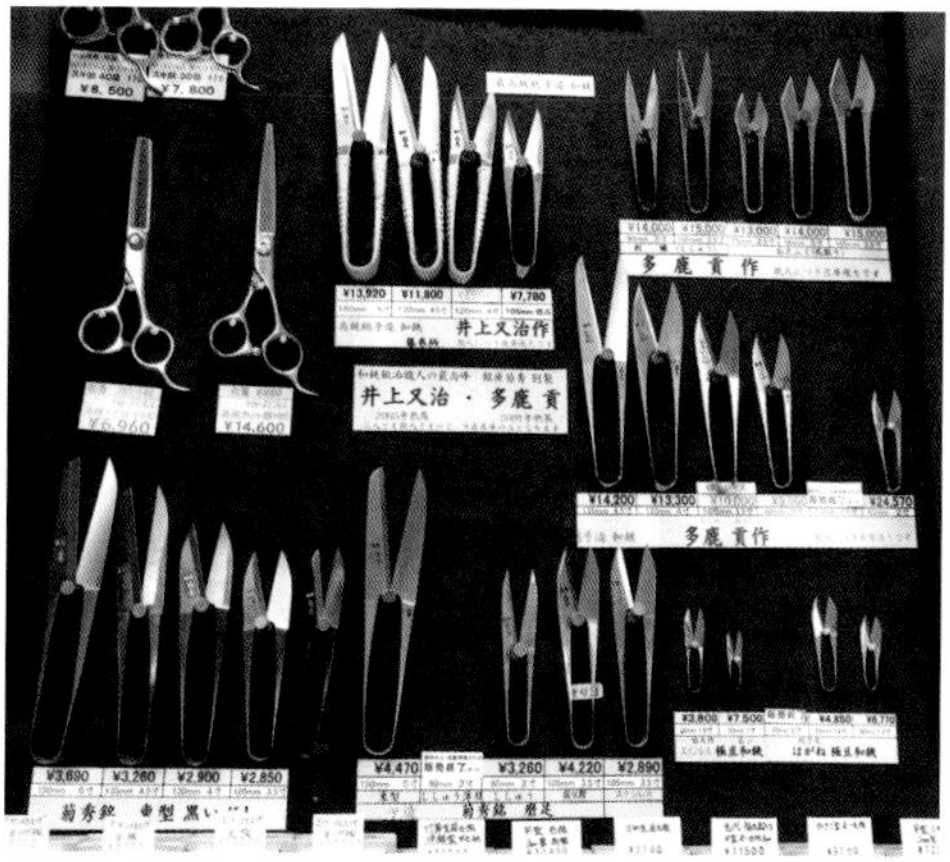

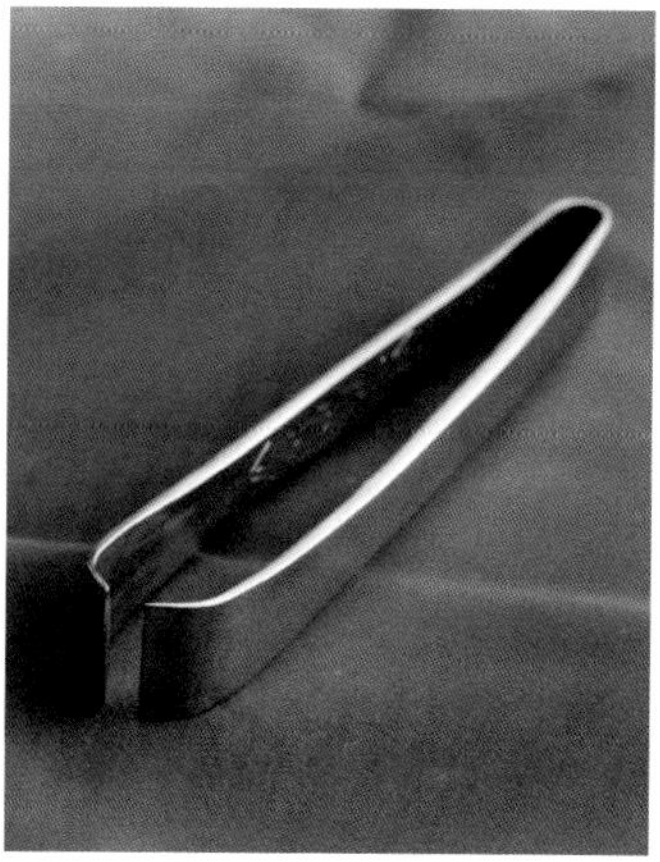

毛抜きをはじめ、包丁や和はさみなど日本の伝統的な高級刃物の品揃えは貴重だ。
＊右写真：三原久明／左写真：小林拓

もう手放せなくなる。昔は、襟足を剃るために使う女性もいたんですけど、今は、替刃式が当たり前になりましたから、男性で髭剃りに使っている方しかいないかもしれません。数少ない使い手の中には、定期的に研ぎに出してくる人もいます。普段は自分で研いでいるけど、時々専門家にきれいに研ぎ直してもらうようにしているそうです。

鋏の研ぎは大体、鍛冶屋さんにお願いします。2枚の刃をすり合わせているけれど、常に1点だけで接しているようにしなければならないから、捻れが入っているし、刃の裏側には微妙にスキを入れているんです。本格的な研ぎは専門の人でなければできないんですよ。和弘さんのところで見せてもらうと、グラインダーでさっとやるんですけど、素人にはとてもじゃないけどできない。

最近では、そんなことも知らない刃物屋もあるみたいです。「研ぎに出したらかえって切れなくなった」って持ち込まれた鋏を見ると、大事な裏スキが削られて「ベタ裏」と呼ばれる真っ平らな研ぎをされてしまっていることがあるんです。それでは刃が互いにくっついちゃって動きません。元に戻すのは、相当面倒な作業になるので、東鋏のいいものじゃない限り「これは新しいものを買った方がいいですよ」とお伝えします。

研いだ人も、よく「研げました」って渡せるなと思います（笑）。まあ、鋏の研ぎなんて、本やテレビとかでも紹介しませんもんね。需要がないから。だから、いつまでたっても正しい知識が伝わらない面もあるのかもしれません。

いいと見極めたものを置くお店

お店はね、もう私の代で終わりにするつもりです。後を継ぐ人がいません。息子は、大学を出て、サラリーマンをやっています。刃物のことは、わからないだろうな（笑）。まあ、私自身、刃物屋を継いでもらおうという気持ちはありませんでしたからね。だって、包丁や鋏だって使う場面が減ってきているし、廉価なものが普及している。もちろん、やり方次第で、残る方法はあるのかもしれないんでしょうけれど、うちのような昔ながらの刃物屋は、残っていくのは難しくなっているんですよ。

東京の老舗の刃物屋さんは、一部を除いて、祖父が創業した「菊秀」となんらかの関係があるんです。全国にも関係のある刃物屋が残っている。そんな店を継いだわけですから、私がやっていけるうちは、店主がいいと信じた刃物だけを並べた「刃物屋」を守って行こうかなと思っているんです。だからね、もうちょっとだけ、続けますよ。

Column

カスタムナイフを楽しむために

「使う」「作る」。
コレクションすなわち「集める」を、広義の「使う」に入れたらという条件付きだが、カスタムナイフとの付き合い方はその二つに大別できるだろう。
ここではいずれも楽しむための「基本」をご紹介したい。

ナイフショー、イベント、そしてコンテスト

作る人にも使いたい人にも、まず紹介したいのはこの本でも紹介してきてたJKGである。

ジャパンナイフギルド（Japan Knife Guild）の略で「あらゆる立場でナイフに関わり、ナイフを愛する人々の友好、交流の場を提供する」団体。一般会員なら、国内在住で、ナイフ愛好者であれば入会できる、という条件。ほかにもメーカー会員、法人会員というカテゴリーがあり、JKGが主催するナイフショーに出展できる「メーカー会員」となるには、一般会員として入会後、ナイフ審査に合格する必要がある。

このJKG、設立されたのは1980年のこと。日本で一挙にナイフメイキングが人気となった状態をみて、カスタムナイフの父、R.W.ラブレスの協力で誕生した。アメリカのカスタムナイフの普及に一役買った「THE KNIFE MAKERS GUILD」を設立もしたラブレスだけに、愛好者団体として健全にカスタムナイフの文化を根付かせるための団体にするためのノウハウをアドバイスしており、現在に至るまで、コレクター、作家そしてディーラーによって息長く運営されてきている。

JKGの活動は多岐にわたるが、特に注目したいのは、「JKGナイフショー」と「JKGカスタム

ナイフコンテスト」だろう。

前者は、毎年10月に東京で開催される、国内最大規模のナイフショー。「使う」人にとってはカスタムナイフを見て触れて、しかも作り手ともコミュニケーションが取れる貴重な機会。「作る」人にとっては、ここに出展できれば、国内外の多くのファンやディーラーたちに自作のナイフを見てもらえるまたとない機会となる。

ナイフショーに先立って、カスタムナイフコンテストの作品公募が行われる。入選作はショーでも展示、表彰式も行われる。プロからアマチュアまで幅広い層が応募するこのコンテストに加え、ショーの出展作品の中から1本だけ選ばれる「ベストインショー」に選ばれることは、ナイフメイキングを志す者として大きな目標となるだろう。

そのほか、ＪＫＧ内の部会としてＪＣＫＭ、鍛造ナイフ部会などがあり「合同ナイフショー」も開催している。くわしくはホームページなどを参照してもらいたい。

◆

ほかにも国内にはいくつかナイフの愛好家の集いがあり、ナイフショーがある。

ＪＫＧと並ぶ国内最大級のナイフショーとして名前があがるのは「関アウトドアズナイフショー」。刃物の町として、世界的に知られる岐阜県関市。ここで毎年10月初頭の土日の2日間、開催される「刃物まつり」に併せて開催されるナイフショーだ。ショーでは「ナイフコンテスト」も開催され、受賞作は毎回水準が非常に高い。10万人規模の集客を誇る「刃物まつり」の期間には、関のショップやメーカーも独自のナイフショーを開催する。見学に行くだけでも得るものは多いだろう。

独自性の高いショーも各地で開催されている。「銀座ブレードショー」は、その名のとおり、東京の銀座で開催されるナイフショー。ベテランから若手まで個性的な作家が集う。アマチュアナイフメーカーのために「作品展示テーブル」を設置しているところも意欲的。腕試しも兼ねて、応募してみてもいいだろう。「東京フォールディングナイフショー」は、フォールディングナイフに特化したショーとして、根強い人気を持つ。インターネット上で開催される「ＳＡＫＵＲＡ ウェブナイフショウ」も注目度が高い。

参加する際は、必ずホームページなどで確認しよう。

JKG（ジャパン・ナイフ・ギルド）

https://jkg.jp/
事務局：東京都板橋区成増2-26-18-101 マトリックス・アイダ内 TEL03-5383-1370

主なナイフショー

■**京都ナイフショー**　毎年1月開催(京都)
X@kFG5MfQpjdQwuXC（京都ナイフショー実行委員会）

■**銀座ブレードショー**　毎年冬、夏開催(東京・銀座)
https://www.ginzablade.jp/

■**東京フォールディングナイフショー**　毎年2月開催(東京)
https://tfks.tokyo

■**オールニッポンナイフショー**　毎年3月開催(神戸)
http://waigaya.g1.xrea.com

■**JCKM／JKG鍛造部会合同カスタムナイフショー**　毎年4月開催(東京・銀座)
https://www.jckm.jp

■**三木deナイフショー**　毎年5月開催(兵庫県三木市)
http://waigaya.g1.xrea.com/

■**T-ODギアスポット**　毎年6月開催(東京・池袋)
X@od_spot（T-OD Gear Spot 公式）

■**JKGナイフショー**　毎年10月開催(東京・銀座)
https://www.jkg.jp/schedule.htm

■**関アウトドアズナイフショー**　毎年10月第2土日開催(岐阜県関市)
https://www.sekiknifeshow.com

■**山秀ブレードショー**　毎年10月第2土日開催(岐阜県関市)
http://www.yamahide.com/

■**関善光寺インビテーショナルナイフショー**　毎年10月第2土日開催(岐阜県関市)
https://szis.net/

■**広島カスタムナイフショー**　毎年11月開催(広島市)

■**SAKURA ウェブナイフショウ**　随時X（旧Twitter)上で開催
X@NEMOTOKNIVES（ NEMOTO KNIVES）

主なコンテスト

■**JKGナイフコンテスト**　毎年9月頃
https://www.jkg.jp/schedule.htm

＊いずれも筆者がウェブ等で独自に調べた情報です。参加を検討する際は、必ず主催に確認してください。

ナイフの扱い方と銃刀法

ナイフの扱い方はメンテナンス方法も含めて多岐にわたる。だが、とにかく基本中の基本として紹介したいことは以下の2点である。

■ナイフの刃先は人に向けない：ナイフの受け渡しをする際は、できるだけケースに入れて、刃先の方を持ち、ハンドルを相手に向けるようにするのが鉄則。フォールディングナイフの場合は刃を折りたたんでから相手に渡すように。

■ナイフの刃先は自分にも向けない：当然、刃や刃先は自分にも向けないようにする。木を削る際など、力を要する場合は周りに人がいないことを確かめた上で、斜め下に向けて刃を動かそう。その際、刃を傷めないように、ナイフの向かう先に丸太などを置いておこう。ウッドクラフトなどで、手前にナイフを引くこともあるが、その際は十分に気をつけて扱ってほしい。

刃物は使い方次第で人を傷つける危険な道具となり得るのは、厳然たる事実である。

日本では「銃刀法（銃砲刀剣類等所持等取締法）」という法規制が定められている。いわゆる「ナイフ」にまつわるパートで特に気をつけたいのは、ブレードが45°以上に自動で開刃する機構を内蔵したナイフ（飛び出しナイフなどと呼ばれたりもする）と、刃渡り5・5cm以上の左右均等、または左右均等に近い形状のブレードを持つナイフ（ダガーナイフと一般的に呼ばれる）は、所有することが禁止されていることである。これらのナイフに関しては、許可制も採用されていないので、日本において合法的に所持することは不可能である。

もちろん一般的なナイフに関しては、自由に所有することができる。ただし「所持」や「携帯」、要するに持ち歩くことに関しては、刃体の長さが6cmを超えるものは、正当な理由なしに所持、携帯すると銃刀法違反に問われる。「正当な理由」とは、所有する業務上の必要性がある場合、キャンプや釣りに行く場合、ナイフショップで購入した刃物を持ち帰る途中などが当てはまるだろう。一方で「護身用」「アクセサリー」などは、正当な理由にはならない。

　また、状況によっては、より厳しい「軽犯罪法」が適用されることもある。

　軽犯罪法は、「正当な理由なく刃物、鉄棒その他人の生命を害し、又は人の身体に重大な害を加えることのできる器具を隠して携帯していた者は、拘留又は科料（罰金）に処する」という内容であり、現場担当者の判断による部分も多いので、十分な注意が必要だろう。

　手元に所有することはともかく、持ち歩くことに関しては「気軽に」とは言えないのが現実。だが、人類最古の道具とも言われる刃物は、どれだけ便利なものが世に溢れても無くなることがない道具であろう。

　法律を守りつつ、周囲も含めての安全を意識することで、より長く、楽しく付き合えることは間違いのないことだ。

よりナイフのことを知るために

アウトドアナイフの使い方
定価：2,750円
（2021年・ホビージャパン）

アウトドアナイフの作り方 改訂版
定価：2,750円
（2022年・ホビージャパン）

＊最寄りの書店等でお問い合わせください。

＊この項の本文はホビージャパン刊行の刃物関連の本に掲載されている「ナイフを取り巻くルール」（文：圷正史）等をベースに構成したものです。

ナイフ用語辞典

あ

◆R.W.ラブレス

ロバート・ウォルドルフ・ラブレス（1929-2010）は、米国のナイフ作家。「カスタムナイフ」というジャンルを築き上げたパイオニアのひとりであり、ベルトグラインダーで鋼材を削り出してブレードを形作る「ストック&リムーバル」という手法を生み出した人物である。また、ドロップポイントなど、現在のナイフのベーシックなデザインを生み出し、ナイフ鋼材のスタンダードとなったATS-34のアイデアを出した存在としても知られる。日本のナイフ愛好家団体JKG（ジャパン・ナイフ・ギルド）の設立にも大きく関わった彼の作品は、没後も高い人気を誇り、世界中で高値で取引されている。現在も多くのナイフ作家たちが、その思想やテクニックを基としたナイフを作り出している。より詳しく知りたい方は『ナイフダイジェスト』（2020年・ホビージャパン：定価2、750円）などを参照いただきたい。

◆アイボリー

一般には象牙を意味するが、ナイフのハンドル材としては「牙」の総称としても使われる。ワシントン条約の関連で、象牙の輸出入が厳しく制限されているため、条約の規定に該当しない化石化したマンモスアイボリー、マストドン（古代象）アイボリーなども利用されるようになっている。このほかヒポ（カバ）アイボリー、ウォーラス（セイウチ）アイボリー、そしてイノシシの牙などがハンドル材として利用されている。

◆インテグラル

ヒルト、エンドボルスター、ブレードなど、ナイフを構成する各パートを1枚の厚い鋼材から削り出す手法。一体構造になるため極めて丈夫なナイフになるが、製作は難しく、時間と労力を必要とする。

◆インプルーブドハンドル

キリオン（指止め）を持つヒルトやボルスターを使わず、人差し指をかける深いフィンガーグルーブをタングに加工したハンドルデザイン。

◆インレイ

ベースとなるハンドル材に複数の素材を組み合わせて埋め込む装飾手法。インターフレームとよく似ているが、インレイはより細かく複雑で、高度なテクニックと優れたセンスを必要とする。

◆ATS-34

日立金属が開発した高級刃物用のステンレス系鋼材。アメリカの高級ナイフ用ステンレス鋼154CMに近い成分の金属をアレンジして作られた。1980年代後半には、日本、アメリカを問わず、カスタムナイフ用のベーシックな鋼材として定着した。近年惜しまれつつ生産中止に。

◆エッジ

刃物の刃先。

◆エッジベベル

ベベルは斜面という意味。エッジベベルは、ブレードベベルからエッジに向かう急角度の斜面を指す。

◆エングレイヴ

ナイフを構成する金属部分に施される彫刻、もしくは彫金。イングレーブとも表記する。

◆オイルストーン

ホーニングオイルを使用してエッジを研ぐ砥石。あらかじめオイルを染み込ませておけば、水のないフィールドでもエッジを研ぎ直すことができる。

◆オイルドボーン

牛の脛の骨にオイルを染み込ませたハンドル材。表面を磨き込むと透明感のある飴色になる。接着は難しいが、湿気にも強い。

か

◆ガード

指を守るキリオン（角状の突起）を備えた鍔。ナイフではヒルトと呼ばれることが多いが、円形、楕円形のものはもっぱらガードと呼ばれる。

◆カイデックス

1990年代後半に入って普及したシース用の加熱可塑性の樹脂素材。200℃前後で自由に形付けることができ、常温に冷却されると形状を保ち、復元性にも富んでいる。

◆カスタムナイフ
作家が作った1点もののナイフ。ある程度の量産体制で作られたものは「セミカスタム」「ミッドテック」などと呼ばれる。

◆カスタムナイフメーカー
プロのナイフ作家。この本では「ナイフメーカー」「ナイフ作家」とも呼んでいる。

◆銀ロウ
リカッソにセットしたヒルトやボルスターの隙間を埋めるために流し込む素材。加熱溶解して流し込むため、ブレードが焼きなまる可能性もある。近年のカスタムナイフでは、銀ロウの代わりに、ニッケルシルバーや銀の粉を使った専用の接着剤を利用することが多くなった。

◆硬度
ナイフでは一般に熱処理後のタング部分を一定の方法で計測した際の硬さを指す。多くはロックウェル硬度計Cスケールで計測した数値を「HRC」の単位をつけて表示することが多い。通常数値が多くなるほど硬い。通常のナイフの硬度の目安はHRC60くらい。

◆コンベックスグラインド
ブレードの両側をわずかに膨らんだ状態に整形するグラインド（切削）法。日本の「ハマグリ刃」とほぼ同義。力を入れて使用する刃物、硬い木などを削るための刃物に多いブレードスタイルだ。

さ

◆サンバースタッグ
インドの湿地帯に生息する大型の鹿。角も太く、ナイフのハンドル材に適しているが、現在は輸出入制限が厳しく日本国内の在庫が激減している。鹿の角全般はスタッグ、スタッグホーンと呼ぶ。

◆シースナイフ
ブレードとハンドルが一体、あるいは固定されたナイフの日本独自の総称。シース（鞘）に納めて携帯することから、この名称で呼ばれるようになった。アメリカを始めとする海外では「フィクストブレード」と呼ぶ。

◆ジグドボーン
表面にランダムな刻み模様を入れた牛の脛の骨。非常に丈夫で質感も良く、入手しやすいことからスタッグホーンの代用品として発達した。

◆シュナイダーボルト
アメリカのカスタムナイフメーカー、H.J.シュナイダーが考案したファスニングボルト。袋ナットを利用しているため、ハンドルの側面にボルトとナットの継ぎ目が露出しない。外観に優れていることから、現在ではカスタムナイフのベーシックなボルトとして普及している。

◆スエッジ
鋭利なエッジが付けられていないクリップ部分。

◆スクリムショウ
細い針を利用して素材の表面に穴や筋を彫り、染料で着色する装飾法。風景、動物、歴史的な情景などなど、様々なテーマが表現される。ベースは各種アイボリーが中心。

◆ステンレススチール
13%以上のクロームを含有する合金鋼の総称。耐食性に優れて切れ味が良い高クローム、高炭素のステンレススチールは、ナイフを始めとする多くの刃物に利用されている。

◆ストックリムーバル
1枚の鋼板からナイフを削り出す製作方法。R.W.ラブレスによって確立された。鍛冶の知識や技術を必要としないナイフ（刃物）の製作方法であることから広く普及し、現在ではカスタムナイフの基本的な製作方法となっている。

◆スペーサー
ハンドル材とヒルト、ハンドル材とタングなどの間に挟むパーツ。それぞれの合わせ目をより密着させ、隙間を埋めるために利用されるほか、装飾的な効果のために利用されることもある。

◆スリップジョイント
ブレードのロックシステムを内蔵していないフォールディングナイフ。通常はスプリングのテンションで、オープンしたブレードの動きを制限する。日本の肥後守のように、ブレードバックから延びたスパー部分を指で押さえてブレードが動かないようにするスタイルは、フリクションロックと呼ばれている。

◆セレーション
ブレードバックに設けられた目の粗いノコ刃。ジュラルミンなどを切り裂くために、サバイバル用などの比較的大きいナイフのブレードバックに組み合わされた。現在では、波刃もセレーション、セレイテッドエッジなどの言葉で表現される。

た

◆耐食性

腐食に対する抵抗力。ナイフの場合は、主にブレードの錆びにくさを表す時にこの言葉が使われる。硬度、靭性、耐摩耗性、耐食性がナイフの性能を決める4大要素となっている。

◆ダガーナイフ

日本ではブレードの上下に刃がついた（諸刃）で左右対称のナイフのことを指すことが多い。刃渡5.5センチ以上の左右均等、または左右均等に近い形状のブレードを持つナイフは、日本では所有することが禁止されている。製作は海外輸出用に限り公安当局に許可を取れば行える。「どこまでがOKか」という議論が起こりやすいが、製作するナイフのデザインが気になる場合などは、ナイフショップなど関係者にまず確認を取るようにしよう。

◆ダマスカス鋼

近世以前のインドのウーツ鋼や、主に中近東で作られた炭素含有量の異なる鋼材のパターンウェルディング（模様鍛造法）で水紋や波紋などを表わすように作られた刃物鋼材。模様をきわだたせるため、薬品でエッチング処理して仕上げる。広義には近年のニッケルステンレスダマスカスなども含む。

◆タング

ブレードから延長されたハンドル部分。シースナイフでは、ブレードと一体構造になっているものが多く、ハンドル材を固定して握りやすくしている。フルタング、フルテーパードタング、コンシールドタング、ナロータングなどさまざまな形態がある。ハンドル材を使わずにタング全体を露出させたものはスケルトンハンドルと呼ばれる。

◆鍛造

炭やコークス、ガスなどで鋼材を加熱しながらハンマーで叩き、形を整えていく伝統的な金属加工方法。専門知識と技術、長く豊富な経験などを必要とする。

◆チタン

強度と耐食性に優れ、ほとんど錆びることのない金属。ナイフではハンドル材、フォールディングナイフのライナー材などに利用される。電圧をかけることでさまざまな色に変化することから装飾材としても利用されている。

◆チョイル

リカッソの下部分、エッジの付け根やベルストップからヒルトまでの間の削り取られた部分。中・大型のナイフに多く見られ、形状とサイズはさまざま。この部分に人差し指をかけることで、細かなエッジ操作が可能になり、エッジを研ぎやすくする効果もある。

◆ツールナイフ

マルチパーパスツール、多徳ナイフなどとも呼ばれる。切るだけでなく、ドライバーやハサミなどの専用ツールを搭載し、複数の機能を持つフォールディングナイフ。

◆ドロップポイント

R.W.ラブレスが完成させた近代のハンティングナイフを象徴するブレードデザイン。ブレードバックが緩やかな弧を描きながら下がり、ブレードのセンターよりやや上でカッティングエッジと交差してポイントを形成する。スキニングから汎用までを幅広くカバーすることから、アウトドアナイフのベーシックなブレードスタイルになっている。

な

◆ニッケルシルバー

ニッケルと銅を主成分とする合金。ナイフのヒルト材として多用されている。

◆熱処理

加熱、冷却、焼戻しなどを組み合わせた処理全般。金属に硬度、靭性、耐摩耗性、耐食性などを与えるための工程で、刃物には欠くことのできない処理。ナイフメイキングの際はショップを通すなどして、専門の業者に依頼することがほとんど。

◆ネイルマーク

フォールディングナイフのブレード側面に刻まれた溝。ブレードをオープンする時に爪をかける部分。

は

◆バットキャップ

ナロータング構造のナイフで、ハンドル材を押さえるために、エンド部分にセットされたパーツ。

◆ファイルワーク

ヤスリを使用したナイフ製作工程全般を意味する。現在ではブレードバック、ハンドルの周囲、フォールシングナイフのバックスプリングやライナーに施される細かな模様もファイルワークと呼ばれる。

◆ファクトリーナイフ
その名の通り、工場で大量生産されるナイフ。日本では岐阜県関市を中心にナイフの製造会社が数多く存在する。欧米ブランドのＯＥＭから、オリジナルのブランドまで、メイドインジャパン製品の品質の高さは、世界でも認められている。

◆ファスニングボルト
タングにハンドル材を固定するためのボルトセット。ラブレスボルト、シュナイダーボルトなどいくつかのタイプがある。

◆フォールディングナイフ
ブレードをハンドルの中に収納することができるナイフの総称。スライド、横回転、ハンドルを回転させるものなどさまざまなスタイルがある。フォールダー、ポケットナイフとも呼ぶ。

◆ヘアラインフィニッシュ
ブレード、ヒルト、ボルスターなど、ナイフの金属部分に複数の細かな並行線を入れた仕上げ。

◆ベルトグラインダー
円盤状の砥石ではなく、サンディングベルトを利用して対象物の研削、研磨を行うグラインダー。ナイフメイキングに専用機を使うことが多い。一般の電動工具として、小型のベルトグラインダーも存在しているが、構造上ブレードの研削ができないものもあるので要注意だ。

◆ボウイナイフ
ボウイナイフ、ブーイナイフとも言う。本来は米西部開拓時代の英雄、デヴィット・ボウイが使った大型の護身用ナイフのことを指すが、アーリーアメリカンの雰囲気を持つ高級大型シースナイフ全般を指す名称ともなっている。

◆ホーニングオイル
オイルストーンを使用してエッジを研ぎ直す際に使用するオイル。主に砥石の目詰まりを防ぐ効果がある。

◆ボルスター
フォールディングナイフのハンドル先端部分両側、ハンドルの後端部分両側などにセットされる金属製のパーツ。

◆ホローグラインド
ブレードベベル両側を内側に湾曲させる成形方法。グラインダーの砥石、ベルトグラインダーのコンタクトホイルの外周で削ることで、自然にホローグラインドになる。この状態に成形されたブレードは、センターから下の厚さがあまり変化しないため、シャープなエッジに研ぎ直しやすいという特徴を持っている。

ま

◆マイカルタ
薄くスライスした素材を何層にも重ね、エポキシ系樹脂やフェノール系樹脂を染み込ませて高圧成形した人工素材。曲面に削ることで、等高線のような独特の模様が表面に浮かび上がる。かつては航空機のプロペラなどに利用された丈夫な素材。素材はウッドやキャンバス、リネンなどを使用する。

◆ミラーフィニッシュ
ブレードを充分に研磨したあと、ダイヤモンドペーストなどの微粒子研磨材とバフを利用してさらに磨き込み、表面を鏡のように仕上げた状態。クオリティの高い外観であると同時に、水や油を弾くため、錆びにくくなるという効果がある。

や

◆４４０Ｃ
ベアリング用の素材を主な目的として開発されたハイクローム、ハイカーボンのステンレス鋼。耐食性に優れていることで知られ、熱処理硬度もＨＲＣ57～58と実用ナイフとして充分な硬さであるため、ナイフ用の鋼材として普及した。

ら

◆リカッソ
ベベルストップからヒルト、またはハンドルまでの間、ブレードベベルよりも下の平面部分。

◆ロックシステム
フォールディングナイフのロック機構。ロックシステムのないものはスリップジョイントと呼ばれる。主なロックシステム、ロックバック、ライナーロックがある。ロックバックはナイフのハンドルバック部分にロックシステムをつけたもので、その位置で「フロントロック」「センターロック」「リア（バック）ロック」に分類される。ライナーロックはハンドル内部のライナーがハンドル内部に入り込むような作りにして、ブレードをロックする方法で、片手でオープン・クローズができるところなどが重宝され、欧米製のカスタムナイフを中心に人気となっている。

お話を伺った方々

井上 武（いのうえ・たけし）

銀座菊秀オーナー。1944年生まれ。慶應大学卒業後、総合商社に勤務し家業の刃物屋に入る。ほどなくして3代目オーナーとなる。ナイフをはじめ、刃物全般への造詣が深く、何冊かの著作の他に、この本をはじめとする刃物関連の本の監修も多数つとめている。

●銀座菊秀
東京都中央区銀座5-14-16銀座アビタシオン9階
TEL 03-3541-8390
https://hamono-net.or.jp/anatano/ginzakikuhide/

＊写真：玉井久義（ホビージャパン）

岡安一男（おかやす・かずお）

岡安鋼材社長。1949年生まれ。明治大学卒業後、家業である岡安鋼材に。カスタムナイフに早くから注目し、ナイフ用鋼材 ATS-34 の紹介を行う。ナイフショーの視察を中心に世界を旅行する紀行作家としての顔も持ち、雑誌で紀行文などの連載を持ったことも。

●岡安鋼材
東京都台東区東上野1-12-2
TEL03-3834-2321
http://www.okayasu-kk.com/

＊写真：小林拓

相田義人（あいだ・よしひと）

カスタムナイフメーカー、武蔵野金属工業所部長。1948年生まれ。日本大学卒業後、家業の武蔵野金属工業所に勤務するかたわら、カスタムナイフメーカーとしても活動するように。R.W.ラブレスの薫陶を受けた作品の数々は、世界的に高い評価を受けている。

＊写真：玉井久義（ホビージャパン）

●**正秀刃物店**　静岡県沼津市町方町107　TEL：055-962-2810
http://www.masahide.com/

相田義正（あいだ・よしまさ）

武蔵野金属工業所社長。1945年生まれ。大正時代から続く武蔵野金属工業所を継ぎ、ナイフの専門店「マトリックス・アイダ」をオープン。R.W.ラブレスをはじめとする国内外の広い人脈を活かして、カスタムナイフの市場を盛り上げてきて信頼をあつめている。

● マトリックス・アイダ
東京都板橋区成増2-26-18-101
TEL：03-3939-0052
https://matrix-aida.com/

加藤清志（かとう・きよし）

カスタムナイフメーカー、刃物鍛冶、刀匠。1944年生まれ。家業の鍛冶の仕事に入り、父・真平のもとで修行する。日本の鍛造技術を活かしたカスタムナイフのパイオニアとして幅広い層から高く評価される。包丁などの刃物も人気が高く、いずれも入手困難。現在は山梨県に在住。

赤津孝夫（あかつ・たかお）

エイアンドエフ会長。1947年 長野県生まれ。日本大学芸術学部写真学科卒業。1977年にアウトドア用品輸入卸業のエイアンドエフを創業。R.W.ラブレスをはじめとするカスタムナイフも最初期から紹介した。著書に『スポーツナイフ大研究』(講談社)など。

● エイアンドエフ
東京都新宿区新宿6丁目27番地56号 新宿スクエア
(17の直営店[A&Fカントリー]あり)
https://aandf.co.jp/

商品協力をしてくれたお店

● **しんかい刃物店**　東京都杉並区阿佐谷南1-35-21　TEL：03-3311-9116
https://www.rakuten.co.jp/nzshinkai/

＊相田義人、加藤清志両氏の作品の購入等に関してはナイフショップにお問い合わせください。

服部夏生（はっとりなつお）

1973年愛知県名古屋市生まれ。東北大学文学部卒業後、96年より出版社勤務。日本唯一のナイフ専門誌だった『ナイフマガジン』をはじめとする雑誌やムックの編集長を兼任したのち独立。「刃物専門編集者」として『ナイフダイジェスト』『日本の包丁』（いずれもホビージャパン）をはじめとする本を数多く企画・編集。著作に『打刃物職人 手道具を産み出す鉄の匠たち』（ワールドフォトプレス）、『日本刀 神が宿る武器』（共著・日経BP）、『終着駅の日は暮れて』（天夢人〈山と渓谷社発売〉）など。監修に『ブキャナン＝スミスの斧本 焚き火、キャンプ、薪ストーブ好き必携!』（グラフィック社）。編集に『千代鶴是秀 日本の手道具文化を体現する鍛治の作品と生涯』（ワールドフォトプレス）など多数。

日本のカスタムナイフ年代記

2024年2月22日　初版発行

著　者　服部夏生

監修者　井上　武

発行人　松下大介

発行所　株式会社ホビージャパン
〒151-0053　東京都渋谷区代々木2-15-8
電話　03-5304-9115（編集）
03-5304-9112（営業）
https://hobbyjapan.co.jp/

印刷所　大日本印刷株式会社

デザイン　スパロウ（竹内真太郎・秦はるな・塩川丈思）

Printed in Japan
ISBN978-4-7986-3424-1 C0076